DR. MICHAEL LOHMANN

Singvögel

Heimische Arten erkennen

Bibliografische Information der Deutschen Nationalbibliothek
Die Deutsche Nationalbibliothek verzeichnet diese Publikation in der Deutschen Nationalbibliografie; detaillierte bibliografische Daten sind im Internet über http://dnb.d-nb.de abrufbar.

2. durchges. Auflage

BLV Buchverlag GmbH & Co. KG
80797 München

Umschlagfotos: arco digital images/ M. Delpho (vorne), Zeininger (hinten)

Lektorat: Dr. Friedrich Kögel

Herstellung: Hermann Maxant

Gedruckt auf chlorfrei gebleichtem Papier

Printed in Italy · ISBN 978-3-8354-0802-9

Bildnachweis
Danegger: 9l, 25u, 59o, 61o, 73o, 77u, 89o
Hecker: 17o, 19o, 35ur, 45o, 63o, 69u, 75u, 83o, 89ur, 91o, 93u
Limbrunner: 25o, 27u, 39o, 41u, 69o, 79m, 91u
Pforr: 19u, 33or, 35o, 39u, 73u
Pott: 31ur, 37m, 37u, 71u, 81m, 81u
Wothe: 2/3, 5, 33ur, 45u, 51o, 51u, 53u, 57ol, 57or, 61u
Zeininger: 9r, 15o, 15u, 17u, 21o, 21u, 23o, 23u, 27o, 29o, 29u, 31o, 31ul, 33ol, 33ul, 35ul, 37o, 41o, 43o, 43u, 47o, 47m, 47u, 49u, 49o, 53o, 55o, 55u, 57u, 59u, 63u, 65o, 65u, 67o, 67u, 71o, 77o, 75o, 79o, 79u, 81o, 83u, 85o, 85u, 87o, 87u, 89ul, 93o

Umschlagfoto
Danegger (Star)

Grafiken
Heide Janicěk, außer
S. 26, 28, 80o: Barbara v. Damnitz
S. 36, 56u, 58: Marlene Gemke

Sonogramme S. 11 und Abb. S. 12 aus: Bergmann/Helb, Stimmen der Vögel Europas, BLV Verlag

Einführung

Freude am Vogelkonzert

Sich an einem sonnigen Maimorgen vom Jubelchor der Vögel beglücken zu lassen, dazu bedarf es keiner vogelkundlichen Kenntnisse. Man muss die Sänger nicht benennen können, um sich an den verschiedenen Gesängen und Rufen zu erfreuen. Gerade beim vielstimmigen Vogelkonzert fällt es ohnehin schwer, die einzelnen Stimmen überhaupt herauszuhören – das bedarf schon des geschulten Ohrs eines Dirigenten, der jedes Instrument seines Orchesters vom symphonischen Klang zu trennen vermag.
Das speziellere Interesse an den Stimmen unserer Vögel erwacht meist im eigenen Garten. Da hört man immer wieder eine bestimmte Strophe, zuerst vielleicht nur unbewusst, dann als Merkmal gewisser Stimmungen, etwa am frühen Morgen, wenn man gerade aus dem Schlaf erwacht, oder abends, wenn wir still unter einem Baum sitzen

Den lang anhaltenden, quietschend-klirrenden Gesang des Girlitz hört man häufig in Ortschaften mit Nadelbäumen.

und dem Erlöschen des Lichtes nachsinnen. Ist es ein Zufall, dass die Wörter »Stimmung« und »Stimme« die gleiche Wurzel haben? Schließlich möchte man wissen, wer der Urheber dieser Stimmung erzeugenden Töne ist.
Viele meiner Freunde und Bekannten fragen mich dann und wann, was das denn für ein Vogel sein könnte, der immer wieder soundso singt oder ruft in ihrem Garten. Leider muss ich fast immer passen in solchen Fällen, denn das Nachahmen von Vogelstimmen ist im Allgemeinen furchtbar schwer; aus einem »piep-piep« kann man keine Rückschlüsse ziehen. Wer nicht einen Vogelstimmenkenner oder ein Tonbandgerät an Ort und Stelle zur Hand hat, muss sich schon selbst um die Identifizierung des Sängers kümmern. Dafür gibt es heute ausgezeichnete Hilfsmittel, unter denen die CD zweifellos das praktischste ist, weil man auf einen Knopfdruck sofort die Lautäußerungen der gewünschten Art zu hören bekommt. Was aber, wenn man keine Ahnung hat, um welche Vogelart es sich handeln könnte? Dazu möchte ich Ihnen im Folgenden ein paar Tipps geben.
Zunächst aber einige Worte zur Bedeutung der »Vogelsprache«, die so ganz anders als die menschliche Sprache beschaffen zu sein scheint und doch auch gewisse Parallelen mit ihr aufweist.

Was drücken Vögel mit ihrer Stimme aus?

Die Gruppe der Singvögel, mit der wir uns hier ausschließlich beschäftigen, ist mit rund 4000 Arten weltweit die artenreichste Vogelgruppe. Mit einigen kleineren, ausschließlich tropischen Gruppen gehören sie zu den Sperlingsvögeln, die man als die am höchsten entwickelte Gruppe ansieht. Es handelt sich bei ihnen meist um nestbauende und oft im Geäst von Bäumen und Büschen lebende Arten. Trotz sehr unterschiedlicher Größe (zwischen 7,5 und 110 cm) sind alle Sperlingsvögel Nesthocker, die mit geschlossenen Augen und meist ziemlich nackt aus dem Ei schlüpfen. Während der Nestlingszeit können sie nur eins: ihren Schnabel weit aufsperren und ihren auffällig gefärbten Rachen den Futter bringenden Eltern entgegen strecken. Daher der Name Sper(r)linge. Durch diese »Frühgeburt« sind sie einige Wochen bis einige Monate von der intensiven Fürsorge ihrer Eltern abhängig. Das mag zunächst als Nachteil gegenüber den vom ersten Tag an ziemlich lebenstüchtigen Nestflüchtern (z. B. Hühnerküken) erscheinen, hat aber den Vorteil einer engen Eltern-Kind-Beziehung, die der Ausbildung komplexer Verhaltensweisen sehr dienlich ist. Zu diesen Verhaltensweisen gehören Techniken des Nahrungserwerbs, Unterscheidung geeigneter von ungeeigneter Nahrung und nicht zuletzt die Entwicklung von Lautäußerungen mit unterschiedlichem Signalcharakter.

Die Gesänge der Singvögel – das lernten wir schon in der Schule – haben insbesondere zwei biologische Funktionen: Sie dienen der Reviermarkierung und dem Anlocken von Weibchen. Entsprechend sind die Sänger fast ausschließlich die Männchen. Darüber hinaus sind sie aber auch Ausdruck innerer Gestimmtheit, was sich daran erkennen lässt, dass Vögel auch dann singen, wenn weder ein Revier gegen Rivalen zu verteidigen ist, noch ein Weibchen gesucht wird. Und es wird deutlich mehr gesungen, wenn der Vogel – bei angenehmer Witterung oder gutem Nahrungsangebot – zufrieden und »glücklich« ist.

Die Eroberung und Verteidigung von Territorien ist in der Tierwelt weit verbreitet. Reviere dienen einer sinnvollen Nutzung der Nahrungs- und sonstigen Raumressourcen. Eine zu hohe Siedlungsdichte birgt die Gefahr der Übernutzung und gefährdet damit letztlich die Erhaltung der Art selbst. Viele Tiere tragen Revierstreitigkeiten mit physischer Gewalt, durch Kampf mit den Rivalen aus. Singvögel haben den weiseren Weg gefunden, durch kräftesparende Signale sich gegenseitig mitzuteilen, wie es um die Besitzverhältnisse steht. Relativierend muss jedoch gesagt werden, dass auch Säugetiere Energie sparende Mittel wie Duftmarken und Rufe einsetzen, und dass es auch bei Singvögeln manchmal zu heftigen Kabbeleien kommt.

Die flatterhafte Lebensweise der Vögel (bei der man sich leicht aus den Augen verliert) bringt es mit sich, dass Dauerehen eher die Ausnahme als die Regel sind. Besonders bei den Singvögeln sind saisonale Einehen und häufig sogar Vielweiberei und andere »ungeordnete« Verhältnisse an der Tagesordnung. Meist besetzen die Männchen zu Beginn der Brutzeit ein Erfolg versprechendes Revier und singen bis ein vorbeikommendes Weibchen sich entscheidet, von dem Angebot Gebrauch zu machen.

Die Gesänge der verschiedenen Arten sind so unterschiedlich, dass sie sogar für uns Menschen meist das bessere Unterscheidungsmerkmal sind als Gestalt und Federkleid. Und zweifellos können die Vogelweibchen die Stimmen noch viel besser unterscheiden.

Gesänge und Rufe

Manche Gesänge bestehen nur aus einer kurzen, stereotypen Strophe, wie etwa bei den Baumläufern. Andere bauen nur auf 1–2 Tönen auf, so der schwirrende Gesang der Schwirle oder die Zweinoten-Gesänge von Zilpzalp oder Kohlmeise (wobei die Kohlmeise ein Meister im Variieren von Rhythmus und Geschwindigkeit ist). Und dann gibt es die sehr kunstvollen Gesänge, vom dramatischen Lied der Nachtigall bis zum fantasievollen und fröhlichen Potpourri imitierter Stimmen beim Sumpfrohrsänger.

Wer an der Unterscheidung von Vogelgesängen interessiert ist, dem kann man nur empfehlen, sich zunächst einmal einen groben Überblick zu verschaffen. Dabei ist die Tatsache von Nutzen, dass verwandte Arten auch in sehr unterschiedlichen Gesängen doch so etwas wie eine Familienähnlichkeit erkennen lassen.

Eine weitere wichtige Möglichkeit zur Eingrenzung ist die Berücksichtigung des Lebensraumes: In Gärten und zwischen Häusern singen andere Vögel als am Ufer von Seen, in weiten Acker- und Wiesenlandschaften oder in Nadelwäldern. Beachten Sie hierzu also bei den Artbeschreibungen die Hinweise zum Vorkommen.

Wie man sich in der bunten Vielfalt der Gesänge eine gewisse Übersicht verschaffen kann, zeigt die Tabelle auf Seite 8. Die Zahlen in Klammern besagen, dass der Gesang auch der entsprechenden anderen Gruppe zugeordnet werden kann. So hat der Birkenzeisig einen abwechslungsreichen, anhaltenden Gesang, man hört aber besonders im Singflug meist nur die lauteren Rufelemente. Die Gesänge von Gimpel und Fichtenkreuzschnabel gehören ebenfalls in die erste Gruppe, sind aber so leise, dass man sie nur aus der Nähe hört.

Während die Gesänge in der Regel die unverwechselbare »Handschrift« der verschiedenen Arten tragen, sind die Rufe manchmal nicht so leicht zu unterscheiden. Das hängt auch damit zusammen, dass die Gesänge fast ausschließlich innerartliche Funktion haben, also für Rivalen und Weibchen klar erkennbar sein müssen, während etwa Warnrufe auch für andere Arten Bedeutung haben, also »allgemein verständlich« sein müssen. Mit einiger Übung kann man aber auch bei den meisten Rufen den artspezifischen »Sound« erkennen.

Die Rufe haben verschiedene Bedeutungen. Die wichtigsten sind Alarm- und Warnrufe, die Erregung anzeigen oder vor Feinden warnen, wobei häufig zwischen Boden- und Luftfeinden unterschieden wird; sie sind meist laut und schrill. Bei manchen Arten sind so genannte Kontaktrufe ständig zu hören, die den Zusammenhalt von Paaren, Familien oder Trupps gewährleisten. Auf die Fütterungszeit beschränkt sind die Bettelrufe von Jungvögeln.

Wann und wo singen Vögel?

Jeder, der mit offenen Ohren die Natur erlebt, weiß, dass das Konzert der Vogelstimmen zu den verschiedenen Jahres- und Tageszeiten in sehr unterschiedlicher Intensität erschallt. Aus den biologischen Funktionen des Gesangs (Reviermarkierung und Anlockung von Weibchen) wird plausibel, warum zu Beginn der Brutzeit im Frühling das Konzert seine Höhepunkte erreicht.

Zu den besonders Frühen im Jahr gehören unter den auffälligeren Sän-

Gruppenbildung bei Singvögeln nach dem Gesang

(1) Abwechslungsreicher, anhaltender Gesang

Heidelerche	Braunkehlchen	Teichrohrsänger	Grünling
Feldlerche	Steinschmätzer	Drosselrohrsänger	Erlenzeisig
Baumpieper	Amsel	Gelbspötter	Bluthänfling
Wasseramsel	Singdrossel	Dorngrasmücke	Birkenzeisig (4)
Rotkehlchen	Misteldrossel	Gartengrasmücke	Fichten-
Sprosser	Schilfrohrsänger	Trauerschnäpper	kreuzschnabel (5)
Nachtigall	Sumpfrohrsänger	Star	Gimpel (5)
Blaukehlchen			

(2) Kurze, mehr oder weniger melodische Strophe

Zaunkönig	Mönchsgrasmücke	Beutelmeise	Goldammer
Heckenbraunelle	Fitis	Pirol	Rohrammer
Gartenrotschwanz	Zwergschnäpper	Buchfink	Grauammer
Schwarzkehlchen			

(3) Hübscher Gesang aus wenigen Tönen

Wiesenpieper	Sumpfmeise	Haubenmeise	Blaumeise
Hausrotschwanz	Weidenmeise	Tannenmeise (6)	Kohlmeise
Waldlaubsänger			

(4) Schwätzender »Ruf-Gesang«

Uferschwalbe (6)	Gebirgsstelze	Sommergoldhähn-	Kleiber
Rauchschwalbe	Bachstelze	chen (6)	Girlitz
Mehlschwalbe (6)	Wacholder-	Grauschnäpper (6)	Stieglitz
Schafstelze	drossel	Schwanzmeise	Kernbeißer

(5) Unterdrückter, leiser, oft schwätzender (selten zu hörender) Gesang

Neuntöter	Elster	Alpendohle	Krähen
Eichelhäher	Tannenhäher	Dohle	Kolkrabe

(6) Monotoner Gesang

Feldschwirl	Zilpzalp	Gartenbaumläufer	Feldsperling
Klappergrasmücke	Waldbaumläufer	Haussperling	

gern die Lerchen, die Heckenbraunelle, der Hausrotschwanz, die Drosseln, der Zilpzalp, die Meisen, Star, Buchfink, Grünling und die Erlenzeisige mit ihren Gemeinschaftsgesängen im Spätwinter. Zu den besonders Späten kann man Nachtigall, Gartenrotschwanz, Schwirle und Rohrsänger, Grasmücken und Schnäpper, Pirol und Neuntöter zählen. Eine Ausnahme bilden Arten wie Zaunkönig, Rotkehlchen, Fichtenkreuzschnabel und einige andere, die zwar ebenfalls im Frühjahr ihre aktivste Singzeit haben, aber auch im übrigen Jahr singen. Zu Herbstgesängen neigen auch Hausrotschwanz, Zilpzalp, Kohlmeise, Star und einige der weniger Auffälligen, wie Bachstelze und Baumläufer. Die stummsten Zeiten im Jahr sind der Winter (wenn viele der

Während der Buchfink (links) zu den frühesten Sängern des Jahres zählt, hört man den Drosselrohrsänger (rechts) meist erst ab Mai.

besten Sänger ohnehin landesflüchtig sind) und der August, wenn die meisten Vögel ihr Gefieder wechseln, was ihnen merklich aufs Gemüt schlägt.
Neben den jahreszeitlichen Schwankungen der Vogelgesänge sind auch große Unterschiede im Verlauf eines Tages festzustellen. Dazu muss man allerdings wenigstens einmal im Mai sehr früh aufgestanden sein. Selbst in Dörfern und Städten mit viel altem Baumbestand, noch überwältigender aber in einem artenreichen Mischwald kann man an einem windstillen, lauen Maimorgen vor und nach Sonnenaufgang einen solch fantastischen Chor von Vogelstimmen erleben, dass man ihn gewiss so schnell nicht wieder vergessen wird. Dieses Konzert zu Ehren des Sonnenaufgangs wird im Verlauf weniger Stunden immer schwächer. Über Mittag verstummen die meisten Sänger, um erst am späten Nachmittag wieder ihre Stimme zu erheben, was dann in der Abenddämmerung einen zweiten Höhepunkt erreicht.
Diese jahres- und tageszeitlichen Schwankungen der Gesangsaktivitäten unterliegen im Einzelfall weiteren fördernden oder hemmenden Faktoren. So spielt die Witterung eine spürbare Rolle. Warmes und windstilles Wetter fördert allgemein die Lust am Singen. Während die Sonne morgens und abends kräftig besungen wird, fördern tagsüber eher bedeckter Himmel und sogar leichter Nieselregen die Sangesfreude – was uns als Hinweis dienen mag, dass der Gesang der Vögel immer auch ein Ausdruck von Wohlbefinden und Lebensfreude ist.

Von der Entwicklung der Stimmen

Während bei Säugetieren und Menschen Stimmlaute im gleich unterhalb des Rachens liegenden Kehlkopf erzeugt werden, liegt der Stimmapparat der Vögel in der Brust, dort, wo sich die Luftröhre in die Bronchien gabelt. Hier sind zwischen Knorpelringen membranartige Häute ausgespannt, die durch vorbeistreichende Luft in Schwingung versetzt und durch Mus-

keln in ihrer Spannung verändert werden können. Die bis in die Knochen reichenden Luftsäcke sowie Luftröhre und teilweise auch Speiseröhre dienen als Resonanzkörper.
Zusätzlich zu den so erzeugten Flötentönen können Vögel (ebenso wie andere Tiere und Menschen) auch so genannte Instrumentallaute hervorbringen. Bekannte Beispiele dafür sind das Schnabelklappern der Störche und das Trommeln der Spechte.
Damit Lautäußerungen als Signal verstanden werden, muss auch das Organ des Empfängers entsprechend leistungsfähig sein; tatsächlich verfügen Vögel über ein gut bis hervorragend ausgebildetes Gehör. Man denke nur an die enormen Leistungen von Eulen, die noch die leisesten Geräusche einer Maus so genau lokalisieren können, dass es ihnen auch noch in finsterster Nacht oder durch eine Schneedecke hindurch gelingt, Beute zu machen.
Für die Verständigung untereinander ist es außerdem wichtig, dass die Lautäußerungen sich von Geräuschen der Umgebung – vom Rauschen des Windes oder Wassers sowie von anderen Stimmen – abheben. Ein gutes Beispiel für den zuerst genannten Fall sind die hohen Zwitscherlaute der Gebirgsstelze oder der sehr hohe Pfiff des Eisvogels, mit denen sie das Rauschen des Baches übertönen, an dem sie leben. Freilich gibt es auch das Gegenbeispiel: Der vielseitige, aus weichen und härteren, pfeifenden oder schnurrenden Lauten zusammengesetzte Gesang der Wasseramsel ist so leise, dass er sich oft kaum vom Rauschen ihrer Brutgewässer abhebt.
Die Notwendigkeit, sich stimmlich von anderen, vor allem ähnlich aussehenden Arten zu unterscheiden, führt zu so eklatanten Unterschieden wie in den Gesängen von Zilpzalp und Fitis oder Baum- und Wiesenpieper – die nah verwandt sind und sich äußerlich kaum unterscheiden. Ähnliche Stimmlagen, wie etwa bei Meisen, Baumläufern und Goldhähnchen können durch unterschiedliche Rhythmen und Reihungen wettgemacht werden.

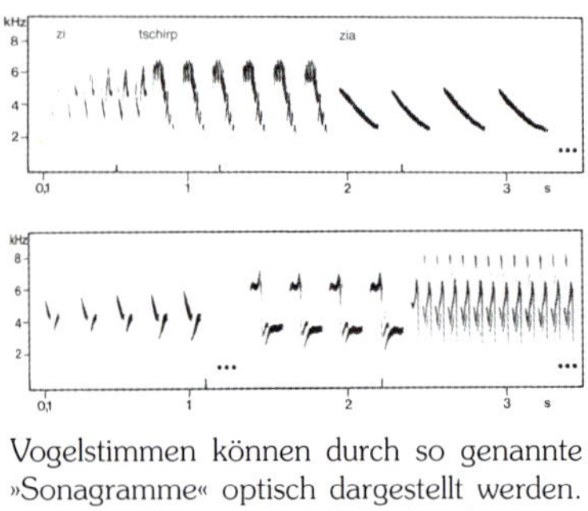

Vogelstimmen können durch so genannte »Sonagramme« optisch dargestellt werden. Die Beispiele von Baum- (oben) und Wiesenpieper (unten) zeigen, dass äußerlich sehr ähnliche Arten sich im Gesang deutlich unterscheiden können (vgl. S. 22).

Angeboren oder erlernt?

Interessant ist die Frage, ob so komplizierte Gesänge, wie wir sie bei vielen Singvögeln finden, angeboren oder erlernt sind. Die vielen Versuche hierzu haben gezeigt, dass bei Singvögeln die Rufe oft, wenn auch keineswegs immer, angeboren sind, während die art- und populationstypische Ausbildung der Gesänge stets eines Lernens nach Vorbild bedarf, wenn auch das Spektrum des Lernbaren erblich begrenzt ist, und es den angehenden Sängern auch angeboren zu sein scheint, sich an den Gesängen der eigenen Art zu schulen. Zu erwähnen ist hier, dass die Gesänge vieler Arten deutlich erkennbare Regionaldialekte aufweisen. So singen Zilpzalpe oder Mönchsgrasmücken auf

Teneriffa sehr verschiedenen von ihren Verwandten in Mitteleuropa; man hat oft Mühe ihren »typischen« Klang und Rhythmus herauszuhören.
Neben dem Lernen vom Vater oder anderen Artgenossen spielt auch das Nachahmen anderer Vogelstimmen (Spotten genannt) gerade in den Gesängen unserer besten Sänger oft eine sehr wichtige Rolle. So besteht der Gesang des Sumpfrohrsängers im Wesentlichen aus aufgeschnappten Rufen oder Gesangselementen anderer Vogelarten – bemerkenswerterweise zu einem erheblichen Teil von Vögeln, denen die unscheinbaren Vögelchen nur in ihren afrikanischen Winterquartieren begegnet sein können. Während viele Singvogelarten nur während einer kurzen Jugendphase Gesänge oder Rufe erlernen können, entwickeln Spötter ihre kunstvollen Arrangements fremder Stimmen oft ständig weiter. Auch bei nicht oder nur wenig spottenden Arten kann man eine Weiterentwicklung mit fortschreitendem Alter feststellen. So singen alte Amselmännchen deutlich einfallsreicher als junge.
Das wirft die oft gestellte Frage auf: Haben nur Vogelmännchen die Fähigkeit zu singen? In der Regel ja, aber es gibt einige Arten, bei denen auch die Weibchen singen. So etwa beim Rotkehlchen, bei dem die Weibchen allerdings viel weniger und mit kürzeren Strophen als die Männchen singen. Auch die Weibchen der Heckenbraunelle lassen zumindest einen halblauten Plaudergesang hören. Bei der das ganze Jahr über singenden Wasseramsel unterscheiden sich die Gesänge von Männchen und Weibchen kaum. Auffallend ist, dass es sich bei diesen und einigen anderen Fällen um Arten handelt, bei denen sich Männchen und Weibchen auch äußerlich kaum unterscheiden.

Wie lernt man Vogelstimmen kennen?

Wer zu einer der schon mehrfach erwähnten frühen Morgenstunden im Mai in einem strukturreichen Mischwald dem hundertstimmigen Konzert der Vogelstimmen lauscht, der wird in doppelter Weise überwältigt sein: von der beglückenden Feierlichkeit dieser »Messe der Natur« und von der Unmöglichkeit, all diese Stimmen identifizieren, ja auch nur auseinander halten zu können. Wer jedoch bescheidener beginnt, etwa im eigenen Garten, und immer wieder versucht, einen Sänger ausfindig zu machen und – wenn er ihn nicht kennt – zu bestimmen, der wird langsam Fortschritte machen und vielleicht eines Tages mit geschlossenen Augen durch die Natur gehen und jede Stimme der entsprechenden Art zuordnen können. (Für die ornithologische Feldarbeit ist die Kenntnis der Vogelstimmen unerlässlich, da Bestandsaufnahmen und Brutvogelkartierungen ohne diese kaum möglich oder außerordentlich zeitraubend sind.)
Man sollte sich also anfangs nicht zu viel vornehmen, sondern sich zunächst auf einige wenige, leicht zu erkennende und immer wieder zu hörende Stimmen konzentrieren. Etwa auf die kurze schmetternde Strophe des Zaunkönigs, auf den lieblich perlenden Gesang des Rotkehlchens, auf die Unterschiede in den Gesängen von Amsel und Singdrossel.
Wie man sich die Gesänge (und Rufe) am besten einprägt, ist wahrscheinlich individuell verschieden. Der Eine merkt sich den »Sound«, also die für die meisten Vogelarten typische Tonlage, die »Stimme«, an der man auch seine Freunde und Bekannten am Telefon erkennt. Ein Anderer prägt sich leich-

ter die »Melodie«, also die Tonfolge oder den Rhythmus ein. Häufig sind Eselsbrücken nützlich, etwa die Bezeichnung Vogel Bülow für den Pirol und andere lautmalende Namen wie Zilzalp, Kuckuck oder Fink. Bei der Unterscheidung von Grasmücken-, Drossel- oder Meisen-Gesängen, die im Tonfall oft ähnlich sind, muss man bestimmte Charakteristika speichern, etwa: »fröhlich plaudernd« für die Gartengrasmücke, »jubelnder Überschlag« für die Mönchsgrasmücke und »dornige Strophen« für die Dorngrasmücke. Stereotype Gesänge, vor allem in Form kurzer Strophen, sind leichter zu merken als variable. So sind die in der Regel nur aus zwei Tönen bestehenden Lautäußerungen der Kohlmeisen durch die vielfältigen Abwandlungen von Reihung und Betonung weniger leicht zu lernen (und von anderen Meisenstimmen zu unterscheiden) als der zwar abwechslungsreiche, aber in seiner Struktur klar erkennbare Gesang der Singdrossel. Erstaunlich ist aber auch, dass man sogar Gesänge, die zu einem großen Teil aus Imitationen bestehen (wie die von Sumpfrohrsänger oder Gelbspötter), ohne Schwierigkeiten an ihrem »Sound« erkennen kann.

Wie beschreibt man Stimmen?

Die sprachliche Umschreibung von Lautäußerungen, wie wir sie auch in den folgenden Texten verwenden, ist unter den vielerlei Notbehelfen wohl noch der beste. Die Silben »zizidäh« lassen erkennen, dass auf zwei kurze hohe Töne ein längerer tiefer folgt. Früher hat man oft versucht, das in Notenschrift auszudrücken, was nicht zuletzt daran scheiterte, dass nur Wenige Noten lesen können. Statt dessen kann man für Notizen eine vereinfachte Mischung aus Noten und Morsezeichen verwenden: Punkte für kurze, Striche für längere Töne, deren Höhe durch die Lage in der Zeile gekennzeichnet wird (siehe Abbildung unten).

Die moderne Technik der Tonaufzeichnung bietet ganz neue Möglichkeiten. Man kann die Lautäußerungen beliebig oft reproduzieren, wobei sich die CD dem Tonband insofern als weit überlegen erweist, als man hier auf Knopfdruck jede Art sofort parat hat, während man ein Band langwierig hin und her spulen muss. Da sich die meisten Menschen Tonfolgen nur kurz merken können (es sei denn, sie notieren sie in irgend einer Weise), sind tragbare CD-Player mit eingebautem Lautsprecher ausgesprochen hilfreich beim Identifizieren von Vogelstimmen in der Natur. Voraussetzung ist freilich, dass man bereits eine Vermutung hat. Für einen ersten, groben Überblick mag die auf Seite 8 abgedruckte Tabelle nützlich sein. Sonst muss man versu-

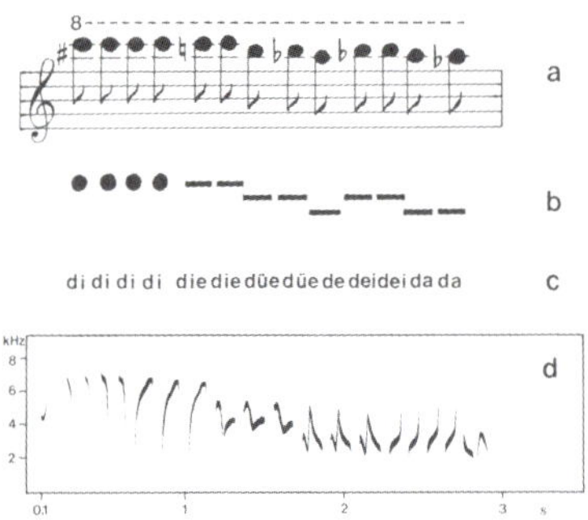

Beispiele dafür, mit welchen Mitteln man versucht hat, eine Gesangsstrophe des Fitis darzustellen: **a** Notenschrift, **b** schematischer Tonhöhen- und Tonlängenverlauf, **c** sprachliche Umschreibung, **d** Sonagramm.

chen, den Sänger (mit dem Feldstecher) ausfindig zu machen, ihn anhand des Bestimmungsteils dieses Buches zu identifizieren, um dann seine Stimme mit der auf unserer CD zu vergleichen.
Für Menschen, deren visuelles Gedächtnis besser ist als ihr auditives (Hörgedächtnis), bietet die Tonverarbeitung mit dem PC neue Möglichkeiten des Sichtbarmachens von Gehörtem, Möglichkeiten, die sich früher nur mit aufwändigen Apparaten zur Erstellung so genannter Sonagramme (siehe auch Seite 10) verwirklichen ließen.
Alle technischen Hilfsmittel können aber eins nicht ersetzen: Geduld, Ausdauer und ständige Übung. Selbst »alte Hasen« müssen sich in jedem Frühjahr die Unterschiede der Gesänge etwa von Rohrsängern oder Grasmücken und all die verschiedenen Rufe neu einprägen.
Autor und Verlag wünschen den Benutzern dieses Leitfadens für das ebenso schöne wie spannende Hobby des Erkennens von Vogelstimmen großen Erfolg und viel Freude. Denken Sie aber bitte auch immer daran, dass jede Störung unserer Tierwelt zu weiteren Verlusten führt, Verlusten, die wir uns nicht mehr leisten, der Natur nicht mehr zumuten dürfen.

Texterläuterungen

Die Reihenfolge der im Folgenden behandelten Vogelarten orientiert sich – mit geringfügigen Umstellungen – an der wissenschaftlichen Systematik.
In der Randspalte folgt auf den deutschen Namen der wissenschaftliche, sodann der Gefährdungsgrad nach der Roten Liste der Brutvögel Deutschlands von 1996. Danach bedeutet:
RL 1 = vom Aussterben bedroht,
RL 2 = stark gefährdet,
RL 3 = gefährdet,
Vorwarnliste.
Daran schließt sich der Hinweis auf die CD-Nummer an, unter der Gesang und Rufe der entsprechenden Art zu finden sind. Wurden für die CD Tonaufnahmen verschiedener Vögel verwendet, um die Variabilität in den Lautäußerungen zu zeigen, so ist dies angegeben. »Gesang 1–3« heißt also, dass 3 verschiedene Gesänge hintereinander folgen. Ist die biologische Funktion der Rufe klar zuordenbar (z. B. Warnrufe), wurde dies entsprechend vermerkt.
Die Artbeschreibungen sind gegliedert in Aussehen (mit Hinweisen auf ähnliche Arten), Stimme (Gesang und Rufe), Vorkommen (Lebensraum, bei Zugvögeln jahreszeitliche Anwesenheit) und Lebensweise (Nest und Neststandort, Verhalten, Nahrung). Die verwendeten Bezeichnungen für Gefieder- und Körperteile finden Sie in der Abbildung links erläutert.

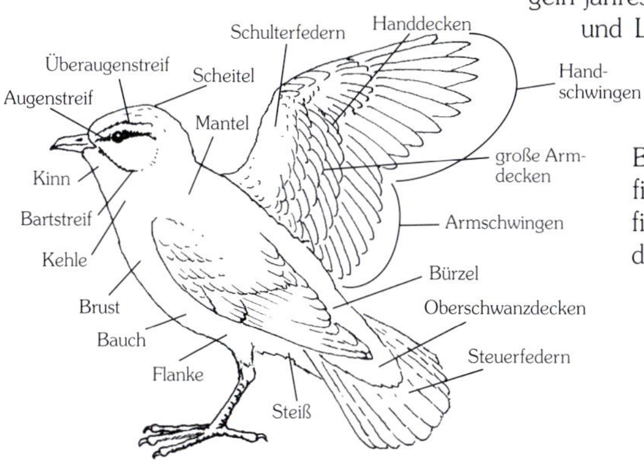

Feldlerche

Alauda arvensis

Vorwarnliste

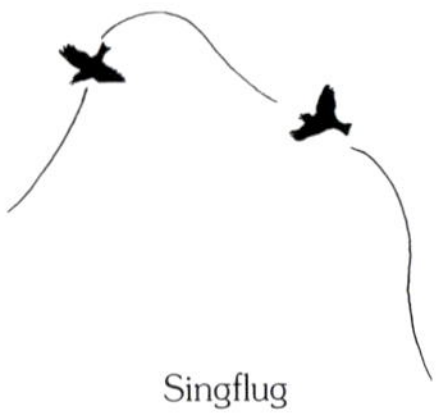

Singflug

Aussehen: Wie viele Bodenvögel trägt auch die Feldlerche ein Tarnkleid in verschiedenen Brauntönen: Rücken und Flügel schuppig, Brust und Flanken mit Fleckenreihen, unterseits fast weiß. Bei aufgestellter Haube mit Haubenlerche zu verwechseln. **Stimme:** Der wohl allgemein bekannte Gesang der hoch in den Himmel kletternden Lerchen (Singflug, vgl. Grafik) entzückt den Zuhörer durch den andauernden Fluss jubilierender, trillernder Töne, in den auch Imitationen anderer Stimmen eingewoben werden. Nicht minder charakteristisch ist der Flugruf, ein wohltönendes, variables »tchrrüp« oder »trüvi« (im Gegensatz zur Heidelerche immer mit gerolltem R). **Vorkommen:** Baumlose Steppen mit kurzer, lückiger Vegetation sind ihr natürlicher Lebensraum, wobei in Mitteleuropa Äcker und Wiesen der Landwirtschaft als Steppenersatz dienen. Allerdings wird die moderne Landwirtschaft den Lerchen auch immer mehr zum Verhängnis. Sofern sie nicht überwintern, ziehen sie zwischen September und November in die Winterquartiere. **Lebensweise:** Schon im Februar/März kehren die Lerchen meist in Trupps oder kleinen Schwärmen aus Süd- oder Westeuropa nach Mitteleuropa zurück. In einer selbst gescharrten Bodenmulde baut das Weibchen sein Nest. Die Jungen verlassen es oft schon längst vor dem Flüggewerden. Die Nahrung besteht wie bei anderen Lerchen aus bodenlebenden Insekten und Kleintieren, aus Sämereien und grünen Triebspitzen.

Heidelerche

Lullula arborea

Vorwarnliste

Singflug

Aussehen: Sehr ähnlich der langschwänzigeren Feldlerche; Gesicht kontrastreicher gezeichnet; im Flug fällt eine markante Hell-Dunkel-Zeichnung am Flügelbug auf. **Stimme:** Ihr melancholischer Gesang passt zu ihrem Lebensraum: weiche, wehmütig klingende Reihen von Jodelmotiven, auf gleicher Tonhöhe oder abfallend. Weich jodelndflötende, niemals rollende Rufe: »didlui« oder »tütluit«. Am liebsten singen die Männchen früh morgens oder nachts, im schleifenartigen Singflug (s. Grafik) oder von einem Baum aus. **Vorkommen:** Mit vielen Lücken über weite Teile Süd- und Mitteleuropas verbreitet; in Großbritannien und Skandinavien nur im Süden. Ihr Lebensraum sind Waldlichtungen, Heiden mit einzelnen Bäumen und Büschen, trocken-hügeliges Gelände und Bergwiesen. Strich- und Zugvogel (Februar/März bis September/Oktober). **Lebensweise:** Obwohl sie meist trocken-warme Lebensräume besiedelt, ist sie doch nicht kälteempfindlich und kommt früh aus ihren Winterquartieren zurück oder überwintert in schneearmen Teilen Mitteleuropas. Nahrung wie Feldlerche.

Rauchschwalbe

Hirundo rustica

Vorwarnliste

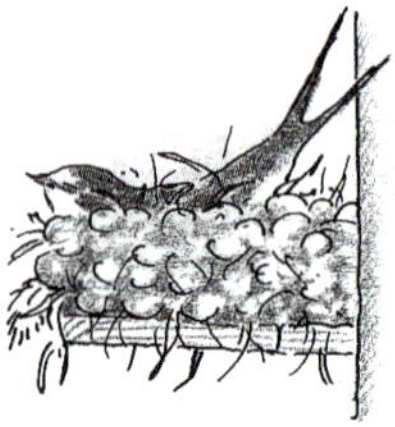

Nest

Aussehen: Im Unterschied zur Mehlschwalbe zeigt sie im Flug eine ganz dunkle Oberseite (kein weißer Bürzel). Auch die Nester der beiden Arten sind verschieden: Rauchschwalben bauen ihre schalenförmigen Lehmnester meistens in Gebäuden (vgl. Grafik), Mehlschwalben kleben ihre halbkugeligen Nester mit kleinem Schlupfloch außen an Gebäudewände. **Stimme:** Vom Leitungsdraht oder Nestrand oder auch im Flug lassen sie ihren Gesang, ein anhaltendes, fröhliches Gezwitscher hören, in das immer wieder ein gezogenes Knerren eingewoben wird. Im Flug hört man oft ein scharfes »witt«; vor Katzen warnen sie »siwitt«, vor Greifvögeln »witt-witt«. **Vorkommen:** Bei uns sind sie ganz zu Gebäudebewohnern geworden, wobei sie aber schon wegen des Baustoffs für ihre Nester ländlichere Ortschaften bevorzugen. Auf dem Zug fallen sie in Scharen im Schilf, seltener auf Bäumen ein. Sie kehren Ende März bis Anfang April etwa 2 Wochen vor den Mehlschwalben aus dem Süden zurück und bleiben im Herbst oft bis Oktober. **Lebensweise:** Am liebsten werden alte Nester wieder bezogen, weshalb man sie nicht entfernen sollte. Die Nahrung besteht aus Fluginsekten und Spinnen.

Mehlschwalbe

Delichon urbica

Nest

Aussehen: Die Unterseite ist bis zum Schnabel ganz weiß; im Flug fällt oberseits besonders der weiße Bürzel auf. Der kurze Schwanz ist nur leicht gegabelt. **Stimme:** Mehlschwalben sind sehr stimmfreudig, besonders in größeren Kolonien. Allerdings beschränkt sich ihre Gesangeskunst auf ein munteres Geschwätz, das im Wesentlichen aus Variationen ihres etwas tonlosen Rufes »prrrit« besteht. Bei Gefahr warnen sie mit einem hohen, etwas schrillen »tjierr«. **Vorkommen:** Auch sie sind zu Kulturfolgern geworden und nisten bevorzugt an den Außenwänden von Gebäuden. Die geselligen Vögel bauen an geeigneten Orten ihre Nester dicht an dicht. Als typische Zugvögel verbringen sie den Winter in Afrika, ziehen im September fort und kehren im April, meist 2–3 Wochen nach den ersten Rauchschwalben, zurück. Außerhalb der Brutzeit übernachten sie gerne in Schwärmen auf Bäumen (und nicht wie Rauchschwalben im Schilf). **Lebensweise:** Auf den Boden kommen sie nur, um aus Pfützen Lehm für den Bau ihrer Nester zu sammeln. Im Gegensatz zu denen der Rauchschwalben sind die kugeligen Nester der Mehlschwalben ganz in den Winkel zwischen Wand und Dach gebaut und bis auf ein kleines Schlupfloch völlig geschlossen (vgl. Grafik).

Uferschwalbe

Riparia riparia

RL 3

Aussehen: Im Gegensatz zu den oberseits blauschwarzen Rauch- und Mehlschwalben, sind Rücken und Flügel der Uferschwalbe braun; die Unterseite ist bis auf ein braunes Brustband vom Schwanz bis zum Schnabel weiß. **Stimme:** Die Kontaktrufe klingen tonlos, rau, irgendwie »sandig«. Wenn es Gedränge in der Brutkolonie gibt, wird an dieses »trrrsch« oft ein schnelles »trre-trre-trre. . .« angehängt. Bei Gefahr hört man ein aufgeregtes »tjiir«. Der »Gesang« besteht aus einer Mischung all dieser Rufe. **Vorkommen:** Ihr ursprünglicher Lebensraum sind sandig-lehmige Steilufer an Flüssen und an der Küste, wo sie ihre 60–70 cm tief liegenden Nisthöhlen graben können. Im mitteleuropäischen Binnenland besiedeln sie vor allem Kies-, Sand- und Mergelgruben. Von August/September bis April/Mai überwintern sie im tropischen Afrika. **Lebensweise:** An geeigneten Stellen, z. B. den Ostseeküsten, bilden die geselligen Tiere oft riesige Kolonien. Bei schlechtem Wetter suchen die fütternden Altvögel bis zu 10 km entfernte Gewässer auf, sodass dann die Kolonie vorübergehend ziemlich ausgestorben erscheinen kann. Nachdem die Jungen ausgeflogen sind, übernachten sie in fremden Röhren oder versammeln sich zu Hunderten an traditionellen Schlafplätzen, vor allem im Schilf, aber auch in Weiden oder im Mais. Nahrung: Fluginsekten.

Bachstelze

Motacilla alba

Foto: Männchen im Prachtkleid

Jungvogel

Aussehen: Zu verwechseln sind die schwarz-weißen Vögel mit dem langen, wippenden Schwanz allenfalls mit den beiden anderen bei uns vorkommenden Stelzen, der Gebirgs- und der Schafstelze, die aber beide in allen Kleidern unterseits mehr oder weniger gelb sind. Den Jungvögeln (vgl. Grafik) fehlt die kontrastreiche Schwarz-Weiß-Zeichnung des Kopfes der Erwachsenen. **Stimme:** Ihr heller, vor allem im Flug viel zu hörender Lockruf ist ein ein- bis zweisilbiges »zip, zilip«. Der Gesang der Männchen besteht aus einem wenig strukturierten, manchmal sehr temperamentvollen Gezwitscher auf der Grundlage des Rufes. **Vorkommen:** Im Gegensatz zur Gebirgsstelze, die ausschließlich an Bächen brütet, nistet die »Bach«-Stelze auch fernab von jedem Wasser, etwa in Feldscheunen und Schuppen. Ihre Nahrung suchen die Vögel auf Dächern ebenso wie auf kurzen Rasen, auf Äckern ebenso wie an Ufern. Im Winter wandern viele Bachstelzen in wärmere Gegenden ab. **Lebensweise:** Ende April, Anfang Mai wird das Nest aus trockenen Pflanzenfasern in Halbhöhlen gebaut, innen ist es mit Haaren und Federn gepolstert. Die Nahrung besteht aus verschiedenen kleinen Insekten sowie aus Springschwänzen, Flohkrebsen und kleinen Fischchen.

Schafstelze

Motacilla flava

Vorwarnliste

Aussehen: Sie unterscheidet sich von der ebenfalls gelben Gebirgsstelze in drei wesentlichen Merkmalen: Ihr Rücken ist in allen Kleidern grünlich bis bräunlich (nie grau), ihre Kehle ist gelb oder weiß (nie schwarz) und ihr Schwanz ist deutlich kürzer (vgl. Grafiken). Außerdem findet man sie so gut wie nie an rasch fließenden Gewässern. Im Herbst/Winter sind beide Geschlechter nur blassgelb, die Jungvögel unterseits bräunlich-weißlich. **Stimme:** Der Gesang besteht nur aus 1–3 (meist 2) ihrer dünnen Lockrufe: »psit« oder »tsli-i«, wobei die zweite Silbe etwas betont wird. **Vorkommen:** Ihr Brutbiotop sind meist dichtwüchsige feuchte Wiesen und Sümpfe, besonders auch Viehweiden mit kleinen Bäumen, Büschen, hohen Stauden, Pfosten oder Drähten als Singwarten. Auch auf Äckern, Brach- und Ruderalflächen brüten sie. Auf dem Zug findet man sie truppweise auch auf Rasen und Uferflächen. Ab Mitte August bis September verlassen sie uns und kehren erst im April/Mai wieder zurück. **Lebensweise:** Das Nest wird in einer kleinen Mulde auf dem Boden gebaut, von Vegetation gut gedeckt; das Gelege besteht aus 5–6 Eiern. Hauptsächlich kleine fliegende Insekten, aber auch andere Kleintiere bilden ihre Nahrung.

Gebirgsstelze

Motacilla cinerea

Foto: Männchen

Aussehen: Das Männchen hat eine schwarze Kehle, die durch einen weißen Zügel vom aschgrauen Kopf getrennt ist. Das unterseits mehr weißlichgelb gefärbte Weibchen besitzt eine weiße oder nur hellgraue Kehle. Auffallend ist der sehr lange Schwanz (vgl. Grafik). **Stimme:** Die Rufe der Gebirgsstelze ähneln denen der Bachstelze, sind aber etwas schärfer und höher: »stitt« oder »tsi-titt«. Der Warnruf ist etwas gedehnt zweisilbig: »süü-it«. Der Gesang besteht aus einer Folge lockrufähnlicher Töne. **Vorkommen:** Sie sind die eigentlichen »Bach«-Stelzen, denn sie brüten ausschließlich an Gewässern, bevorzugt an bewaldeten, schnell fließenden Bächen und Flüssen mit Geröllufern und -inseln. An solchen Bächen gehen sie im Gebirge bis über die Baumgrenze. Man findet sie aber auch an Kanälen und Wehren, selbst mitten in der Stadt. In den meisten Teilen ihres europäischen Brutgebietes sind sie Standvögel. **Lebensweise:** Das Nest wird meist in unmittelbarer Wassernähe in Löchern, Spalten, Nischen und Felswänden, auch in Uferverbauungen, an Wehren, Schleusen oder unter Brücken angelegt; auch Nistkästen werden bezogen. Meist 2 Jahresbruten. Am und im Wasser lebende Insekten und deren Larven bilden den Hauptteil der Nahrung.

Baumpieper
Anthus trivialis

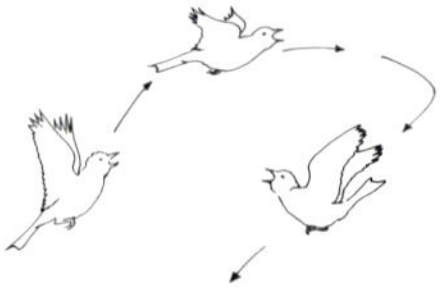

Singflug

Aussehen: Die beiden Pieper-Arten sind an ihrem Gefieder kaum zu unterscheiden. Das beste Unterscheidungsmerkmal ist die Stimme. **Stimme:** Der Gesang des Baumpiepers ist kraftvoller und vielfältiger als der des Wiesenpiepers, eine fröhliche, aus mehreren Phrasen bestehende Strophe in wechselndem Tempo. Das Männchen steigt dabei meist im Singflug von erhöhter Warte aus auf und kehrt am Ende wie ein Drachenflieger schwebend zum Ausgangspunkt zurück (vgl. Grafik), wobei es eine charakteristische Endstrophe hören lässt: ein gezogenes »zia-zia-zia-zia«. Auch der Lockruf, ein raues »psiet«, unterscheidet sich vom fast stimmlosen »isst« des Wiesenpiepers. Warnende Vögel lassen endlose Folgen von »züt«-Rufen hören. **Vorkommen:** Sein Lebensraum ist offenes bis halboffenes Gelände mit hohen Singwarten und reich strukturierter Krautschicht; auch Waldlichtungen und Waldränder werden gerne besiedelt. Im Gegensatz zu dem bei uns meist überwinternden Wiesenpieper ist der Baumpieper Zugvogel, der zwischen August und Oktober abzieht und im April/Mai zurückkehrt. **Lebensweise:** Nach einer frühen Erstbrut erfolgt meist noch eine Zweitbrut. Dem Nahrungserwerb wird meist auf dem Boden nachgegangen, es werden aber auch Baumäste nach Insekten und deren Larven abgesucht.

Wiesenpieper
Anthus pratensis

Aussehen: Siehe Baumpieper. **Stimme:** Der Gesang ist weniger fantasievoll, »mechanischer« als beim Baumpieper. Meist besteht er aus 3 Abschnitten: schnelle, sich beschleunigende »tsip«-Rufe, ein dünnes, gedehntes »züht« und ein schwirrender, fast tonloser Triller. Charakteristisch sind auch die Rufe: ein dünnes, spitzes »psit, psit, psit. . .« oder atemloses »hist, hist«, meist beim Auffliegen. Der penetrant geäußerte Warnruf ist ein ein- bis zweisilbiges, heuschreckenartiges »zipp«, »tsrrit« oder »stiditt«. **Vorkommen:** Offene, baumlose oder baum- und straucharme, mehr oder weniger feuchte Flächen mit lückiger Vegetationsdecke sind der bevorzugte Lebensraum. Außerhalb der Brutzeit trifft man Wiesenpieper oft in Trupps am Wasser. Von Ostdeutschland nord- und ostwärts ist die Art Zugvogel, sonst Stand- und Strichvogel. **Lebensweise:** Das Brutrevier wird meist im März von den zuerst eintreffenden Männchen besetzt. Die Weibchen kommen oft erst 2–3 Wochen später und wählen dann den Nistplatz, an dem das Nest von der Vegetation gedeckt in einer gescharrten Bodenmulde errichtet wird. Kleine Insekten und Spinnen bilden die Nahrung.

Wasseramsel

Cinclus cinclus

Aussehen: Dieser Vogel ist nach Aussehen, Lebensraum und Verhalten mit keinem anderen zu verwechseln. **Stimme:** Der leise Gesang wird oft vom Rauschen des Wassers übertönt, ist im Übrigen aber melodisch und abwechslungsreich, mit weicheren und härteren Lauten, bald hoch pfeifend, bald tief schnurrend. Beunruhigte oder aufgescheuchte Vögel lassen ein ziemlich durchdringendes »srit« oder ein eher tonloses »tjrp« hören; Kontaktruf ist ein kurzes »tz« oder »tsch«. **Vorkommen:** Die Alpen und Mittelgebirge mit klaren Bächen und Flüssen sind ihr typischer Lebensraum. Überall Stand- und Strichvogel, der sein heimisches Gewässer nur verlässt, wenn es zufriert. **Lebensweise:** Die Wasseramsel ist der einzige Singvogel, der wie ein Pinguin unter Wasser schwimmt (mit den Flügeln) und dort auch den überwiegenden Teil seiner Nahrung sucht. Selbst in starker Strömung suchen die Vögel am kiesigen Gewässergrund nach Köcherfliegenlarven und anderem Getier. Wie ein Korken tauchen sie wieder auf, schwimmen kurz auf der Wasseroberfläche und landen im nächsten Moment wieder knicksend auf einem ihrer Ausgucksteine. Als Nistplatz werden oft die erstaunlichsten Stellen gewählt, etwa hinter den Wasservorhängen von Wehren und Wasserfällen.

Zaunkönig

Troglodytes troglodytes

»Backofen«-Nest

Aussehen: Ein kleiner brauner Vogel, der gerne seinen kurzen Schwanz stelzt. **Stimme:** Der Gesang der Männchen ist eine laut schmetternde Strophe, in die ein charakteristischer Triller eingewoben ist. Lockruf: »tjerr«, Warnruf: »tjeck« oder »tik«. **Vorkommen:** Unterholzreiche Laub- und Mischwälder, Ufergebüsche von Bächen und Flüssen, Parks und Gärten mit bodennaher Deckung sind die bevorzugten Lebensräume. Besonders schätzt er feuchte Böschungen und die Wurzelteller umgestürzter Bäume. **Lebensweise:** Die Männchen bauen oft mehrere der typisch halbkugeligen Moosnester mit seitlichem Eingang (s. Grafik) und versuchen dann mit Gesang Weibchen anzulocken; besonders Eifrige betreuen gleich mehrere Damen. Ihre Nahrung suchen Zaunkönige meist am Boden oder im niedrigen Gestrüpp. Sie besteht aus kleinen Bodentieren, Spinnen, Insekten und deren Larven. Obwohl ihre Flügel klein und rund sind, wandern die Zaunkönige kälterer Regionen im Herbst und Frühjahr etliche hundert bis tausend Kilometer weit. Bei uns halten sie aber meist aus und übernachten in kalten Winternächten oft zu mehreren in einer Baumhöhle oder einem Nistkasten.

Heckenbraunelle
Prunella modularis

Aussehen: Sie sind spatzenhaft unscheinbar gefärbt, unten grau, oben braun mit Schwarz. So genau bekommt man sie aber selten zu sehen. Meist nimmt man bloß ein düster im Geäst dahinhuschendes Vögelchen wahr, auf das man durch den Gesang aufmerksam wurde. In den Alpen und südeuropäischen Gebirgen kann man die Heckenbraunelle mit der Alpenbraunelle verwechseln, die aber die höheren Lagen über der Baumgrenze besiedelt. **Stimme:** Der etwas quietschende, mit hohen Tönen dahinplätschernde Gesang erinnert ein wenig an den des Zaunkönigs, ist aber weniger eilig und lässt den typischen Triller vermissen. Kontaktruf zart »sit-srui« oder »dididi«, Warnruf scharf »zieh« oder »tsiep«. **Vorkommen:** (Nadel-)Wälder mit dichtem Unterholz sind ihnen am liebsten. Im Nordwesten Mitteleuropas werden zunehmend auch Hecken sowie Feldgehölze, Parks und Gärten besiedelt. Vögel in Nordosteuropa und den Alpen wandern im Winter ab, im übrigen Europa ist die Art Stand- und Strichvogel. **Lebensweise:** Das Nest wird höchstens mannshoch und bevorzugt in immergrüne Vegetation gebaut. Die Vögel ernähren sich hauptsächlich von Kleininsekten, die sie im dichten Geäst oder am Boden suchen.

Rotkehlchen
Erithacus rubecula

Jungvogel

Aussehen: Man möchte meinen, das Rotkehlchen sei allgemein bekannt und kaum zu verwechseln. Es ist aber schon vorgekommen, dass etwa die Männchen von Buchfink oder Gartenrotschwanz für Rotkehlchen gehalten wurden, nur weil sie halt auch eine rote Brust haben. Das zeigt, wie wichtig es ist, auch auf Gestalt, Verhalten und Vorkommen zu achten. Junge Rotkehlchen sind braun gefleckt, ohne rote Brust (s. Grafik). **Stimme:** Der Gesang ist schüchtern stotternd, aber glasklar und besteht aus kurzen bis recht langen, variablen Strophen mit auffallenden Höhenunterschieden. Kontaktrufe: »dip« oder »siip«; Warnruf: das typische Schnickern oder Tixen. **Vorkommen:** Unterholzreiche Wälder und Waldränder, Feldgehölze, Hecken, Gärten und Parks sind die Lebensräume des Rotkehlchens. In den Alpen findet man die Art bis zur oberen Waldgrenze. In Mitteleuropa sind Rotkehlchen Teilzieher, in raueren Lagen wandern sie ab, kehren aber früh wieder zurück. **Lebensweise:** Der Neststandort ist sehr variabel, immer aber in Bodennähe und möglichst in einer Höhlung oder Nische. Die Nahrung besteht aus allerlei Kleintieren; die Jungen werden hauptsächlich mit Raupen gefüttert. Im Winter wird auch vegetarische Nahrung aufgenommen. In Gärten können die netten Vögel recht zutraulich werden.

Nachtigall

Luscinia megarhynchos

Jungvogel

Aussehen: Oberseits einfarbig sandbraun, unterseits gräulichweiß, Schwanz rostrot. Jungvögel braun gefleckt (s. Grafik). **Stimme:** Der Gesang besteht gewöhnlich aus 4 Teilen: Auf die leise Einleitung folgt ein Abschnitt mit melodischen, auf- und absteigenden Figuren; die nächste Phrase besteht aus rhythmischen, einsilbigen Wiederholungen (»Schlagen«), worauf meist ein Finale angehängt wird. Charakteristisch sind im zweiten Teil Serien lauter, anschwellender Pfeiftöne (die dem Sprosser fehlen). Der Warnruf ist ein ansteigendes »hüit« (vgl. Sprosser), der Erregungsruf ein gezogenes, tiefes Knarren, das auch mit dem Warnruf kombiniert wird: »hüit-trrk«. **Vorkommen:** In Mitteleuropa nur lückenhaft verbreitet. Lebensraum sind unterholzreiche Laub- und Mischwälder, auch baumlose Gebüsche, Gärten und Parks in sommerwarmen und trockenen Gebieten. Als wärmeliebender Zugvogel verlässt uns die Nachtigall schon ab Ende Juli (bis Oktober) und kehrt im April zurück. **Lebensweise:** Das Nest wird in der dichten Krautschicht, meist am Fuß eines Strauches gebaut. Die Nahrung besteht aus Insekten und anderen Kleintieren und wird überwiegend am Boden gesucht; im Herbst ergänzen kleine Beeren und Sämereien den Speiseplan.

Sprosser

Luscinia luscinia

Aussehen: Von der Nachtigall kaum zu unterscheiden; die Oberseite ist etwas dunkler und die Brust trägt ein dunkel gewölktes Band. **Stimme:** Vom Gesang der Nachtigall unterscheidet sich der Sprossergesang durch wesentlich längere, langsamer vorgetragene Strophen, so genannte Kastagnetten-Schläge (»tschuck« oder »djuk-djuk«) und das Fehlen von gepfiffenen Crescendi. Mischgesänge mit Elementen des Nachtigallengesangs sind aus dem gesamten Verbreitungsgebiet des Sprossers bekannt. Der Warnruf ist ein hohes, durchdringendes »hiid« auf gleicher Tonhöhe (vgl. Nachtigall), der Erregungsruf ein tiefes knarrendes »trrk« oder »karr« oder »dak«. **Vorkommen:** Das Brutgebiet der »östlichen Nachtigall« erstreckt sich von einer Linie Dänemark–Ungarn bis Westsibirien. In einem breiten Grenzbereich, der sich von Schleswig-Holstein über Brandenburg bis Tschechien hinzieht, kommt es zu Areal-Überlappungen der beiden Arten. Mehr als die Nachtigall bevorzugt der Sprosser feuchte bis nasse dichte Laubwälder und Gebüsche ohne Krautschicht oder üppige Hochstaudenvegetation, kommt aber auch in Gärten und Parks vor, meidet jedoch trockene Standorte. Den Winter verbringt er von August bis Mai in Ostafrika. **Lebensweise:** Brutbiologie und Nahrung wie Nachtigall.

Blaukehlchen

Luscinia svecica

RL 3

Aussehen: Mit ihrer prächtig blauen Kehle, auf der bei den nordeuropäischen Vögeln ein roter, bei den mitteleuropäischen ein weißer Fleck leuchtet, unterscheiden sich die Männchen von den viel weniger farbenfrohen Weibchen und erst recht von den braun gefleckten Jungvögeln. **Stimme:** Der Gesang beginnt meist stockend, beschleunigt dann mit einer Serie von »dip«-Lauten, darauf folgen verschiedene schnurrende, zischende oder andere geräuschhafte Laute, zwischen die aber auch harmonische Flötentöne eingewoben werden. Ältere Männchen sind Meister im Nachahmen anderer Vogelstimmen oder von Geräuschen. Der Kontaktruf ist ein sanftes »huid«, der Warnruf ein hartes »tschack« oder »sii-tschack«. **Vorkommen:** Die »schwedische Nachtigall« fehlt ausgerechnet in weiten Teilen Schwedens; in Mittel- und Westeuropa ist die Verbreitung recht lückenhaft, in Großbritannien fehlt die Art ganz. Nasse Standorte mit dichter Vegetation sind geeignete Lebensräume. Zur Überwinterung verlassen uns die Vögel im August/September und kehren im April/Mai zurück. **Lebensweise:** Das Nest wird auf oder knapp über dem Boden in dichter Vegetation gut versteckt. Am Boden und in der Krautschicht lebende Insekten sind die Hauptnahrung; das Nestlingsfutter besteht im Wesentlichen aus Raupen; im Herbst auch Beeren.

Steinschmätzer

Oenanthe oenanthe

Vorwarnliste

Foto unten links:
Männchen im Brutkleid
Foto unten rechts:
Weibchen

Männchen im Brutkleid

Aussehen: Recht auffallende Vögel (vor allem Männchen im Brutkleid); besonders markant ist der weiße Schwanz mit breiter schwarzer Endbinde, von der in der Mitte ein schwarzer Keil in das Weiß vorstößt (vgl. Grafik). Diese Schwanzzeichnung macht auch die insgesamt mehr bräunlichen Weibchen (s. Foto rechts), Jungvögel und Männchen im Schlichtkleid unverkennbar. **Stimme:** Gesang: kurze, an Hausrotschwanz erinnernde, kratzende Strophen, dann und wann etwas temperamentvoller mit wohlklingenderen Pfeiflauten. Warnrufe: ein langes, ziemlich scharfes »siih« oder »hiit« und ein hart-schmatzendes »tjack« (daher die Bezeichnung Schmätzer). **Vorkommen:** In Mitteleuropa lückenhaft verbreitet; dabei in der Biotopwahl recht anpassungsfähig: Neben steinigen Lebensräumen nimmt er auch mit trocken-sandigen Biotopen, verheideten Hochmooren, Schuttkippen und anderen Plätzen mit dürftiger Vegetation vorlieb; im Gebirge bis über 2000 m. Zugvogel; bei uns von April/Mai bis August/Oktober. **Lebensweise:** Das Nest wird in den verschiedensten Höhlungen und Spalten versteckt. Nahrung: Insekten, Würmer, kleine Schnecken.

Hausrotschwanz

Phoenicurus ochruros

Foto oben links: Männchen, Foto oben rechts: Weibchen

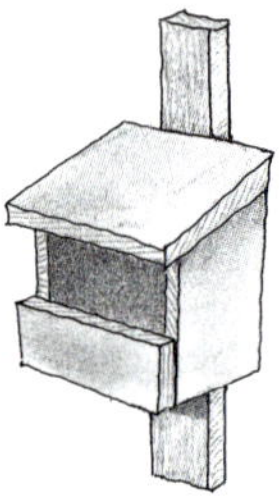

Halbhöhlennistkasten

Aussehen: Der Unterschied zwischen Haus- und Gartenrotschwanz ist vielen unklar – dabei sehen sich die Männchen gar nicht ähnlich: Der Hausrotschwanz ist bis auf den rostroten Schwanz ganz schwarz und dunkelgrau, ältere Männchen haben ein weißes Flügelfeld. Schwieriger ist die Unterscheidung der Weibchen und Jungvögel; allgemeine Tendenz: dunkler und grauer sind die Hausrotschwänze, heller und rötlicher die viel selteneren Verwandten. **Stimme:** Der Gesang klingt gepresst und knirschend. Er besteht meist aus 4 Teilen, beginnend mit einigen pfeifenden und dann klappernden Tönen; nach einer kurzen Pause und einem knirschenden Geräusch klingt die Strophe mit einigen Pfeiftönen aus. Die Lock- und Warnrufe sind ein wiederholtes scharfes »wist«, dem bei stärkerer Beunruhigung einige schmatzende »teck«-Rufe folgen. **Vorkommen:** Seine Lebensräume sind alle Landschaften, in denen Gebäude oder Felsen vorkommen: von Hochhäusern bis zu Feldscheunen, von den Küstenklippen bis zu Felsmassiven im hohen Gebirge. Die Art gehört zu den Teilziehern, die spät wegziehen und früh zurückkehren oder in wärmeren Gegenden gleich dableiben. **Lebensweise:** Als Halbhöhlenbrüter bauen sie ihr Nest gerne auf Dachbalken, in Mauernischen und in Scheunen, nehmen aber auch Nistkästen (s. Grafik) gern an. Ihre Beute – kleine Insekten und Spinnen – picken sie von Mauern und fangen sie im Flug; im Herbst auch Beeren.

Gartenrotschwanz

Phoenicurus phoenicurus

Vorwarnliste

Foto unten links: Männchen, Foto unten rechts: Weibchen

Nistkasten

Aussehen: Die Männchen sind nur im Gesicht und am Hals schwarz, oberseits grau und weiß an der Stirn; Brust und Bauch sind leuchtend orangerot. Weibchen und Jungvögel sind heller und rötlicher als die vom Hausrotschwanz. **Stimme:** Sein Gesang ist so lieblich, dass er in vielen Filmen als Stimmungsmacher verwendet wird. Die kurzen, wehmütig klingenden Strophen beginnen meist mit einer charakteristischen Tonfolge: »siih trü-trü-trü. . .«. Die Rufe sind ein weiches »hüit«, dem oft ein schnalzendes »tik-tik-tik« folgt. **Vorkommen:** Der selten gewordene Rotschwanz liebt alte, nicht zu aufgeräumte Gärten mit hohen Bäumen, Friedhöfe und Parks mit Unterholz und Freiflächen. Er kehrt erst 4–6 Wochen nach den Hausrotschwänzen (Ende April) aus Afrika zurück und zieht bereits im September wieder fort. **Lebensweise:** Brut in natürlichen oder künstlichen Höhlen mit nicht zu kleinem Eingang (ovale Einschlupflöcher haben sich bewährt; vgl. Grafik). Ihre Insektennahrung suchen die Vögel im Geäst hoher Bäume, seltener auch im Gebüsch; im Herbst ergänzen weiche Beeren die fleischliche Kost.

Braunkehlchen

Saxicola rubetra

RL 3

Foto oben: Männchen im Prachtkleid

Flugbild

Aussehen: Männchen im Schlichtkleid, Weibchen und Jungvögel unterscheidet man von Schwarzkehlchen am besten durch die weißen Seiten der Schwanzbasis, durch den braunen, dunkel gefleckten Bürzel, durch den hellen Überaugenstreif und durch das Fehlen auffälliger weißer Flecken im (ausgebreiteten) Flügel (vgl. Grafik). **Stimme:** Der Gesang ist ungleich vielseitiger und anhaltender als der des Schwarzkehlchens, in Strophen gegliedert und mit Imitationen durchsetzt. Auch die Warnrufe sind ganz anders als beim Schwarzkehlchen: »jüh teck-teck« – erst weich, dann sehr hart. **Vorkommen:** Das Braunkehlchen ist Brutvogel offener Wiesen- oder Heidelandschaften. Wichtig sind ihm höhere Strukturen als Warten. Sehr trockene Biotope werden ebenso besiedelt wie Streuwiesen in Flachmooren und verheidete Hochmoore. Die Vögel überwintern von August/September bis Mai in Südeuropa und Nordafrika. **Lebensweise:** Das Nest dieses »Wiesenbrüters« wird am oder dicht über dem Boden, gern am Fuß einer Hochstaude oder eines Busches gebaut. Die Nahrung besteht aus Insekten und Spinnen, kleinen Schnecken und Würmern, im Herbst auch aus Beeren.

Schwarzkehlchen

Saxicola torquata

RL 3

Foto unten links: Männchen,
Foto unten rechts: Weibchen

Flugbild

Aussehen: Im Gegensatz zum Braunkehlchen haben Schwarzkehlchen in allen Kleidern einen einfarbig dunklen Schwanz, von dem sich der einfarbig weiße (oder beige) Bürzel klar absetzt. Ebenfalls in allen Kleidern ist auf den (ausgebreiteten) Flügeln je ein kräftiger weißer Schulterfleck zu erkennen (vgl. Grafik). **Stimme:** Der Gesang besteht aus kurzen, kratzenden Strophen (1 sec), zwischen denen Pausen von 2–3 sec liegen. Auch die Rufe unterscheiden sich stark von denen des Braunkehlchens: ein rauhes »trrek« und ein gezogenes »siiht«. **Vorkommen:** Die Lebensraumansprüche des Schwarzkehlchens decken sich weitgehend mit denen des Braunkehlchens, sodass beide oft nebeneinander brüten. Als Kurzstreckenzieher weichen ost- und mitteleuropäische Schwarzkehlchen vor dem Winter nur wenig nach Süden und Westen aus, im September/Oktober wandern sie ab, kehren aber schon im Februar/März wieder zurück. **Lebensweise:** Das Nest wird ab März mit guter Abschirmung nach oben meist in einer kleinen Vertiefung am Boden, seltener etwas erhöht errichtet. Gerne werden Böschungen als Nistplatz gewählt. Wenn die Jungen der ersten Brut selbstständig sind, wird in der Regel eine zweite angeschlossen. Die Nahrung besteht aus einem breiten Spektrum an Insekten und Spinnen, die teilweise auch im Flug gefangen werden.

Amsel

Turdus merula

Foto oben: Männchen
Foto Mitte: Weibchen

Teilalbino

Aussehen: Die schwarze Amsel mit dem gelben Schnabel kennt jedes Kind. Weibchen und Jungvögel sind dagegen kräftig braun mit wenig auffälliger Fleckung auf der Brust. Gelegentlich kommen weiß gescheckte Teilalbinos vor (s. Grafik). **Stimme:** Die kurzen, aber sehr abwechslungsreichen Strophen des Gesangs bestehen aus klaren weichen Flötentönen, die mit kleinen Schnörkeln gemächlich vorgetragen werden. Zu den verschiedenen Warnrufen gehören ein dünn gezogenes hohes »tsiih«, ein hartes »tjack-ack-ack. . .« und ein tiefes »pok«. Ein hämmerndes »pli-pli-pli. . .« zeigt Erregung an. **Vorkommen:** Amseln sind eigentlich Waldvögel. Dass sie auch die Dörfer und Städte mit ihren Gärten und Grünanlagen zu ihrem Lebensraum erkoren haben, ist noch nicht lange her. Die Waldamseln sind deutlich scheuer und viele von ihnen ziehen im Herbst in wärmere Gegenden, während die meisten Stadtamseln auch im Winter ihr Auskommen finden. **Lebensweise:** Meist schon im März beginnen die Weibchen mit dem Nestbau. Die tiefe Nestmulde wird mit feuchter Erde glatt ausgestrichen, bevor die letzte Schicht aus feinen Fasern eingebracht wird. Oft noch bevor die Jungen ganz selbstständig sind, beginnt das Weibchen ein neues Nest zu bauen und die nächste Brut aufzuziehen. Wie alle Drosseln sind Amseln auf die Nahrungssuche am Boden spezialisiert; am liebsten suchen sie in kurzer Vegetation nach Regenwürmern; später im Jahr machen sie von Beeren reichlich Gebrauch.

Wacholderdrossel

Turdus pilaris

Foto unten

Aussehen: Beide Geschlechter sind oberseits aschgrau mit einem dunkelbraunen Band, das sich von den Flügeln über den Vorderrücken zieht; unterseits Reihen kräftig-dunkler Pfeilflecken auf weißlichem bis beigefarbenem Grund. Markant ist der schwarze Schwanz. **Stimme:** Der Gesang ist ein unmusikalisch plauderndes Knirschen und Quietschen, dem die schönen Flötentöne anderer Drosseln ganz fehlen. Ihre häufig zu hörenden, rauen Rufe ähneln denen der Elster: »tschak-tschak-tschak« oder »tschak-tschacharr«. **Vorkommen:** Ihr Brutbiotop sind hochstämmige Birkenwälder, Auwälder, Feldgehölze und Parks. Im Nordosten Zugvogel, sonst Stand- und Strichvogel. **Lebensweise:** Auch in ihrem Brutverhalten unterscheidet sie sich von anderen Drosseln, indem sie gern lockere Brutkolonien bildet. Das Nest wird auf Laub- und Nadelbäumen errichtet. In typischer Drosselweise wird die Mulde des Nestes mit nasser Erde ausgestrichen und dann mit einem dicken Polster feiner Grashalme ausgelegt. Die Nahrung besteht aus Regenwürmern und anderen Bodentieren, im Herbst und Winter aus verschiedenen Früchten.

Singdrossel
Turdus philomelos

Nest

Aussehen: Beide Geschlechter sind oberseits ziemlich einfarbig dunkelbeige, unterseits hellbeige bis weißlich mit kräftigen schwarzbraunen Flecken. Im Flug erweist sich der helle Unterflügel im Achselbereich als leicht orange gefärbt (vgl. Misteldrossel). **Stimme:** Von anderen Drosseln unterscheidet sich ihr kräftig flötender Gesang durch klar abgesetzte Strophen, in denen ein aus 1–3 Tönen bestehendes Motiv 2–4-mal wiederholt wird. Ihr Flugruf ist ein kurzes hohes »zipp« oder »zick«. Ihr durchdringendes Warnen (»tix-ix-ix-ix. . .«) erinnert an das Zetern der Amsel. Bei »geringem« Alarm hört man ein verhaltenes »tjok« oder »djük«. **Vorkommen:** Dichte Tannen- und Fichtenwälder bis ins Hochgebirge sind der bevorzugte Bruthabitat. Seit einigen Jahrzehnten aber auch in Gärten und Parks. Mitten durch Deutschland geht die Grenze der im Winter ortstreuen oder nur herumstreifenden und der wegziehenden Singdrosseln (September/Oktober bis Februar/März). **Lebensweise:** Ihr Nest (s. Grafik) bauen sie bevorzugt in Nadelbäume. Der Rohbau aus Zweigen oder Gras wird innen sauber mit einer geglätteten Schicht aus feuchter Erde und Holzmulm hergerichtet, die Mulde nicht weiter gepolstert. Singdrosseln sind dafür bekannt, dass sie Gehäuseschnecken gegen eine harte Unterlage schlagen (»Drosselschmiede«), um an ihren Inhalt zu gelangen. Bodentiere und Beeren bilden die Hauptnahrung.

Misteldrossel
Turdus viscivorus

Aussehen: Obwohl sie erheblich größer ist als die Singdrossel, kann man sie doch leicht mit ihr verwechseln. Das beste Unterscheidungsmerkmal ist nur im Flug zu sehen: der weiße (nicht rostfarbene) Unterflügel. **Stimme:** Der Gesang erinnert an die Amsel, ist aber rauer und »schreiender«; kurze, etwas träge Strophen wechseln mit kurzen Pausen ab. Besonders charakteristisch ist der trocken schnarrende Flug- und Warnruf »trrrr«, der dem Vogel auch den Namen Schnärrer eingetragen hat. **Vorkommen:** Trockene Nadelwälder mit Freiflächen sind ihr bevorzugter Brutbiotop; im Gebirge geht sie bis 2000 m hoch. In Westeuropa werden auch größere Gärten und Parks besiedelt. Im Nordosten brütende Vögel sind Zugvögel, die im Oktober/November ihre Brutgebiete verlassen und im März/April zurückkehren; in den übrigen Gebieten ist die Art Stand- und Strichvogel. **Lebensweise:** Das Nest (s. Grafik) wird meist im März auf einem kräftigen Ast eines Laub- oder Nadelbaums errichtet. Es gleicht dem Nest der Singdrossel, die Auskleidung des Napfes mit feuchter Erde kann aber fehlen. Nahrung wie Amsel und Wacholderdrossel.

Sumpfrohrsänger
Acrocephalus palustris

Nest

Aussehen: Äußerlich kaum vom Teichrohrsänger zu unterscheiden: beide sind oberseits einfarbig braun, unterseits beigeweiß. Unterscheidungsmerkmale im Feld sind Stimme und Lebensraum. **Stimme:** Der Sumpfrohrsänger ist ein meisterlicher Spötter, dessen anhaltender Gesang fast ausschließlich aus Imitationen anderer Vogelstimmen besteht (auf unserer CD ist z. B. »Amsel-Warnen« zu hören). Man hat in seinen Gesängen die Imitationen von über 200 Vogelarten gefunden, darunter die Hälfte von afrikanischen Vögeln. Sumpfrohrsänger singen besonders gerne nachts. Der Ruf bei leichter Erregung klingt weich »teck«, bei Alarm schärfer oder auch »kreet«. **Vorkommen:** Brutbiotop sind Hochstaudendickichte (z. B. Brennnesseln), bevorzugt an den Ufern von Bächen und Gräben; aber auch in Raps und verunkrauteten Getreidefeldern wurden brütende Sumpfrohrsänger gefunden; reine Schilfröhrichte werden hingegen gemieden. Im August/September ziehen die Vögel nach Afrika und kehren erst Mitte Mai zurück. **Lebensweise:** Das Nest (s. Grafik) wird zwischen die Stängel von Hochstauden gewoben, bei uns hauptsächlich zwischen Brennnesseln; nie findet man ihr Nest über Wasser. Nahrung: Insekten und andere Kleintiere.

Teichrohrsänger
Acrocephalus scirpaceus

Aussehen: Siehe Sumpfrohrsänger. Wie bei allen Rohrsängern und Schwirlen sind die Geschlechter äußerlich nicht zu unterscheiden. **Stimme:** Der leise schwätzende, oft lang andauernde Gesang klingt meist etwas verschlafen. Nur wenn ein Rivale nahe ist, steigern sich die Kampfgesänge zu größerer Lautstärke und mehr Temperament. Einzelne Elemente werden mehrfach wiederholt, was den Gesang rhythmisch stark gliedert (»Metronomsänger«). Rufe kurz und unauffällig »tsche« oder härter »tschk«, bei Erregung rau und gedehnt »tschreek« und zweisilbig »trr-tr«. **Vorkommen:** Als echter Rohrsänger ist er ganz auf dicht wachsende Schilfröhrichte angewiesen, gleichgültig, ob sie im Wasser oder auf dem Land wachsen. Im September/Oktober ziehen die Vögel nach Afrika und kehren Ende April zurück. **Lebensweise:** Das Nest wird kunstfertig zwischen Schilfhalmen aufgehängt. Zuerst webt das Weibchen eine Plattform aus losen, um die Stängel gedrehten Halmen; dann werden Schleifen aus elastischerem Material um die Trägerhalme gelegt und mit der Nestinnenseite verknüpft. Durch Trampeln und Stemmen erzeugt das Weibchen dann die Mulde. Die Vögel ernähren sich von kleinen Insekten und Schnecken sowie Spinnen.

Drosselrohrsänger

Acrocephalus arundinaceus

RL 2

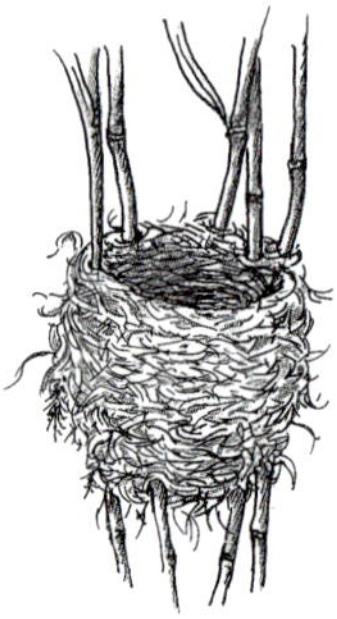

Nest

Aussehen: Er ist von unseren Rohrsängern mit Abstand der größte, gleicht im Übrigen aber den beiden zuvor beschriebenen Arten und kann daher mit dem im gleichen Habitat lebenden Teichrohrsänger verwechselt werden, sofern man keine Stimme hört. **Stimme:** Der lautstarke Gesang ist unverwechselbar. Wegen seiner Sprünge von sehr tiefen zu sehr hohen Tonlagen nennt man ihn auch »Karrekiet«. Der Gesang ist insgesamt ziemlich rau und die einzelnen Elemente werden mehrfach wiederholt: »trr trr karrekarre krie-krie trr-trr-kie-kie«, zwischendurch hört man auch mal etwas melodischere »dia-dia-dia«-Elemente. Die Warnrufe sind rau schnarrend »tarr«, deutlich tiefer als beim Teichrohrsänger. **Vorkommen:** In ganz Europa weist die Art große Verbreitungslücken auf, weshalb sie in vielen Ländern als bedroht gilt. Hohes, kräftiges, im Wasser stehendes Röhricht (vor allem Schilf) ist Voraussetzung für die Ansiedlung. Ab August/September bis April/Mai befinden sich die Vögel auf Wanderschaft. **Lebensweise:** Wie der Teichrohrsänger webt auch das Weibchen des Drosselrohrsängers sein Nest kunstvoll zwischen kräftige Schilfstängel (s. Grafik), grundsätzlich aber nur über Wasser. Die Vögel ernähren sich von den verschiedensten Insekten, Würmern, Schnecken ihres Lebensraumes.

Schilfrohrsänger

Acrocephalus schoenobaenus

RL 2

Aussehen: Relativ leicht zu identifizieren an seinem hellen Überaugenstreif, der noch durch eine dünne dunkle Linie darunter und durch einen breiteren dunklen Streifen darüber betont wird. **Stimme:** Sein recht dramatischer Gesang, meist im kurzen Singflug vorgetragen, ist andauernd, eilig und recht kräftig und fast kanarienartig vielfältig; neben klangvollen Tönen hört man kratzende und schnärrende Geräusche. Der Warnruf ist ein trockenes, kurzes »tscheck« oder »tscheck-tscheck«. **Vorkommen:** Brütet bevorzugt in ausgedehnteren Schilfbeständen, nicht jedoch im Wasserschilf. Bevorzugt werden Verlandungsröhrichte mit dichter Krautschicht aus Seggen, Gräsern und Brennnesseln; höhere Weiden-, Erlen- oder Birkenbüsche werden gern als Singwarten genutzt. Als Fernzieher verlässt er Europa im August/September und kehrt im April/Mai zurück. **Lebensweise:** Das Nest wird niedrig in der Vegetation angelegt, in geknicktem Altschilf, in Seggenbülten oder Binsenhorsten. Es ist nur ausnahmsweise an senkrechten Stängeln aufgehängt. Die Nahrung besteht ausschließlich aus Insekten und deren Larven, aus Spinnen und kleinen Schnecken.

Feldschwirl
Locustella naevia

Aussehen: Wenn man diesen merkwürdigen Sänger ausnahmsweise einmal zu Gesicht bekommt, dann kann man ihn an den vielen dunklen Flecken, Balken und Strichen sowie am keilförmig gestuften Schwanz erkennen und vom fast vollkommen ungezeichneten Rohrschwirl unterscheiden. **Stimme:** Schwirrende Tiergeräusche kommen in der Regel von Insekten. Wenn man in unseren Breiten ein oft minutenlang ohne Pause anhaltendes, metallisches Schwirren hört (es erinnert an das Abspulen einer Angelrute), so hat man es aber wahrscheinlich mit einem Vogel, dem Feldschwirl, zu tun. (Der Gesang des selteneren Rohrschwirls ist etwas tiefer, weicher, weniger metallisch.) Die Rufe sind ein hartes und etwas explosives »stitt«, »tschik« oder »zek«. **Vorkommen:** Üppig wuchernde Hochstauden auf und an Wiesen, Sumpfränder, Ufergebüsche – das sind seine bevorzugten Brutbiotope, aber auch in feuchten Waldlichtungen, auf Heide- und Ruderalflächen und sogar in Fichtenschonungen kommt er gelegentlich vor. Der Langstreckenzieher verlässt uns zwischen August und Oktober und kehrt im April/Mai zurück. **Lebensweise:** Das Nest wird am Boden zwischen und unter Gräsern und Kräutern versteckt. Die an sich wenig scheuen Vögel huschen wie eine Maus durch die bodennahe Vegetation und fliegen bei Störung nur kurz auf. Am Boden suchen sie auch den Hauptteil ihrer Insektennahrung.

Gelbspötter
Hippolais icterina

Aussehen: Ein recht unscheinbarer kleiner Vogel, keineswegs so gelb, wie sein Name vermuten lässt. Oberseits ist er olivgrün mit dunkleren Flügeln, und die Unterseite ist nur verwaschen gelblich oder gar nur schmutzig beigeweiß. **Stimme:** Die Bezeichnung Spötter ist durchaus zutreffend, denn man kann in seinem abwechslungsreichen kräftigen Lied die Stimmen einer ganzen Reihe anderer Vögel erkennen. An seinen nasal miauenden »giiäh«- oder schmetternden »tjepp«-Lauten erkennt man ihn aber immer. Besonders typisch für ihn ist sein schneller, dreisilbiger Ruf »te-te-üit«, den er auch in seinen Gesang einbaut. **Vorkommen:** Laubwälder und kleinere Gehölze mit dichtem Unterholz sowie Friedhöfe, Parks und Gärten sind bei uns sein bevorzugter Aufenthalt. Von August bis Mai sind die Vögel auf Wanderschaft oder im Winterquartier. **Lebensweise:** Das dicht gewobene Nest wird in höheren Sträuchern oder Laubbäumen in höchstens 3 m Höhe angelegt. Die Nahrung besteht aus Kleintieren und Beeren.

Mönchsgrasmücke

Sylvia atricapilla

Foto oben: Männchen, Foto Mitte: Weibchen

Nest

Aussehen: Das Wort Grasmücke kommt vom altdeutschen »gra« und »smücke«, der graue, sich durchs Geäst schmiegende Vogel. Ein grauer, schlanker Vogel mit schwarzer (Männchen) oder brauner Kappe (Weibchen) ist auch die Mönchsgrasmücke. **Stimme:** Die fröhlich jubelnde Strophe der Männchen ist ein charakteristisches Element des Vogelkonzerts. Wenn benachbarte Mönche um die Wette singen, klingt es freilich oft ganz anders. Dann wird ein anhaltendes Geschwätz daraus, dem meist die jubelnde Endphrase gänzlich fehlt. Die Warnrufe sind ein hartes, fast tonloses »teck« – wie 2 zusammengeschlagene Kiesel. **Vorkommen:** Sie ziehen halbschattige Lagen sonnig-trockenen und Laubgehölze den Nadelgehölzen deutlich vor. Gärten und Parks werden regelmäßig besiedelt. Nur ein Teil der Vögel verbringt den Winter in Afrika, viele entwickeln aufgrund der Klimaerwärmung neue Zugrouten und haben ihr Winterquartier in West- oder Südeuropa, wie z.B. in Südengland. Entsprechend kehren sie oft schon im März/April wieder zurück; Abzug von September bis Anfang Oktober. **Lebensweise:** Das lockere, flache, oft durchsichtige Halmnest (s. Grafik) wird meist in 1 m Höhe in einen Busch oder ein Brennesseldickicht gebaut. Zur Brutzeit sind Insekten und kleine Bodentiere die Hauptnahrung, später werden Beeren bevorzugt.

Gartengrasmücke

Sylvia borin

Aussehen: Von den unscheinbaren Grasmücken ist die Gartengrasmücke die unscheinbarste. In ihrem olivbraungrauen Federkleid – oberseits dunkler, unterseits heller – könnte man sie sogar für einen Laubsänger halten, obwohl sie deutlich grauer ist und in typisch waagrechter Haltung durchs Geäst schlüpft. **Stimme:** Ihr Gesang ist kräftig und doch lieblich, fröhlich dahinplätschernd, manchmal minutenlang, ohne Dramatik, ohne Höhepunkte. Die Töne sind meist weich und klar, selten rau wie bei der Dorngrasmücke, selten aber auch so jubilierend wie bei der Mönchsgrasmücke. Warnrufe lässt sie viel seltener hören als die anderen Grasmücken: ein rhythmisch gereihtes, heiser schmatzendes »tschäk-tschäk. . .« und gelegentlich ein gedehntes tiefes »währ«. **Vorkommen:** Gärten sind durchaus nicht ihr bevorzugter Lebensraum, sondern gebüschreiches offenes Gelände mit üppigem Unterwuchs, auch Parks und Friedhöfe. Natürlich überwintert sie wie alle Grasmücken in Afrika, verlässt uns im August/September und kehrt im Mai zurück. **Lebensweise:** Das Nest wird niedrig in Laubgehölzen oder auch in Stauden versteckt und wirkt ziemlich locker gewebt. Nahrung wie Mönchsgrasmücke, im Herbst aber weniger Beeren.

Klappergrasmücke

Sylvia curruca

Aussehen: Eine dezent grau, bräunlich und weiß gefärbte Grasmücke. Die ähnlich gefärbte Dorngrasmücke (siehe dort) ist auf den Flügeln viel brauner und hat helle Beine – die Klappergrasmücke dagegen dunkle. **Stimme:** Die nur 2 sec dauernde Gesangsstrophe besteht aus einem kurzen, leisen, eilig schwätzenden Vorgesang und einem ziemlich lauten, hölzern klappernden »dengdeng. . .« oder »telltell. . .« Der Ruf ist ein schnalzendes »tjäck« oder »tscheck«. **Vorkommen:** Ihr bevorzugter Lebensraum sind offene bis halb offene Landschaften mit dichtem Gebüsch oder jungen Nadelbäumen. In Dörfern und Städten hört man sie oft zur Zugzeit. Im Gebirge reicht das Brutgebiet bis über die Waldgrenze. Zwischen August und Oktober ziehen die Vögel in Richtung östliches Afrika ab und kehren im April/Mai wieder zurück. **Lebensweise:** Das Nest wird in niedrigen Dornsträuchern und Hecken sowie in kleinen Nadelbäumen errichtet. Es ist wie die meisten Grasmückennester locker und flach. Die fast ausschließlich aus kleinen, weichhäutigen Insekten (z. B. Blattläusen) und ihren Larven bestehende Nahrung wird von den Zweigen im bodennahen Geäst abgelesen, im Spätsommer auch hoch in den Bäumen.

Dorngrasmücke

Sylvia communis

Vorwarnliste

Aussehen: Sie fällt durch hell rotbraune, dunkelbraun gezeichnete Flügel und aus der Nähe durch einen weißen Augenring auf. Ansonsten erinnert die Kopfzeichnung – beim Männchen grauer Oberkopf und weiße Kehle – an die Klappergrasmücke. **Stimme:** Der recht einfallsreiche, etwas hastige Gesang besteht aus trockenen und flüssigen, rasch schwätzend gereihten Elementen; die unterschiedlich langen Strophen werden durch kleine Pausen getrennt. Zweifellos gehört die leider selten gewordene Dorngrasmücke zu den stimmlich auffälligsten Sängern. Unter den Rufen ist der breite Warnruf »wäid wäid« oder »wäd-wäd« besonders charakteristisch (vgl. Weidenmeise, S. 58); außerdem kann man ein meisenartiges »dschä-djededett« und ein tief knarrendes »rrrt« hören. **Vorkommen:** Bereits kleine Gebüsche oder Dornsträucher reichen der Dorngrasmücke zur Besiedlung offener Landschaften aus. Wegzug zwischen Ende Juli und Ende September, Rückkehr frühestens ab Mitte April. **Lebensweise:** In unseren all zu aufgeräumten Landschaften zieht sich die Dorngrasmücke gerne in verwilderte Kiesgruben, an Schuttplätze und sonnige Bahndämme zurück. Hier baut sie im Schutz eines Dornstrauches, zwischen Brennnesseln oder Brombeeren nahe dem Boden ihr lockeres Nest. Die Nahrung besteht aus weichhäutigen kleinen Insekten, Beeren spielen eine geringere Rolle.

Zilpzalp

Phylloscopus collybita

Aussehen: Wie alle Laubsänger ist der Zilzalp in beiden Geschlechtern ein unscheinbares Vögelchen, das rundherum nur grünlich-gräulich ist, oberseits etwas dunkler als unterseits – und dem Fitis zum Verwechseln ähnlich. Zum Glück sind sie aber eifrige Sänger und Rufer, und an ihren Stimmen kann man sie leicht erkennen und unterscheiden. **Stimme:** Die Männchen lassen fast den ganzen Tag über ihren ziemlich eintönigen, aber doch stimmungsvollen Gesang hören, ein namengebendes »zip-zap-zap-zip. . .«, das sich anhört, als wollten die Vögel vergeblich einen bestimmten Ton treffen. Der Kontaktruf ist ein weiches, einsilbiges »huit« (vgl. Fitis), der Warnruf ein scharfes »fieht«. **Vorkommen:** Er ist bei uns ein sehr häufiger und weit verbreiteter Vogel, dessen Gesang man überall hört, wo Bäume mit Unterholz wachsen. Da das Revier eines Paares klein ist, besiedeln sie selbst isolierte, kleine Baumgruppen. Sie überwintern in den Mittelmeerländern, verlassen uns zwischen August und Oktober und kehren ab Mitte März zurück. **Lebensweise:** Ab April baut das Weibchen in bodennaher Vegetation sein typisches Backofennest mit seitlichen Eingang. Trotz ihres bodennahen Nestes, treiben sich Zilzalpe zur Nahrungssuche gern in den höchsten Baumwipfeln herum, wo sie kleine Insekten von den äußersten Zweigen ablesen. Im Herbst und Winter dienen auch Beeren und im Frühjahr Nektar und Pollen der Ernährung.

Fitis

Phylloscopus trochilus

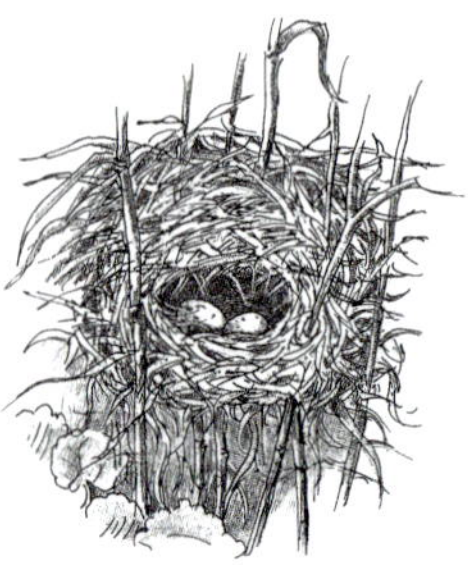

»Backofen«-Nest

Aussehen: Vom Zilpzalp ist ein stummer Fitis kaum zu unterscheiden. Seine helleren Beine, die etwas hellere Oberseite, die etwas gelbere Kehle und Brust sowie der Überaugenstreif sind im Feld kaum erkennbar. Die Stimme ist das ausschlaggebende Unterscheidungsmerkmal. **Stimme:** Der Gesang ist eine weiche, liebliche kurze Strophe, die ein wenig an den Buchfinkenschlag erinnert, aber keineswegs so schmetternd klingt. Auch sein Ruf ist weich und etwas melancholisch, deutlich zweisilbig, fragend nach oben gezogen »hüit« (vgl. Zilpzalp). **Vorkommen:** Sein Lebensraum ähnelt dem des Zilpzalps, es werden aber feuchte Wälder deutlich bevorzugt. Trotz ihrer geringen Größe wandern die Fitisse jedes Jahr bis ins mittlere Afrika und zurück (je nach Population 6000–13 000 km). Die Abwanderung beginnt im August, Nachzügler trifft man bis Oktober an. Die ersten Heimkehrer hört man Anfang März, in der Regel aber 2 Wochen nach den ersten Zilpzalpen. **Lebensweise:** Brutbiologie (Nest s. Grafik) und Ernährung ähnlich wie Zilpzalp.

Waldlaubsänger

Phylloscopus sibilatrix

Aussehen: Mit moosgrüner Oberseite, deutlich gelbem Gesicht-Brust-Bereich und fast weißem Bauch ist er unter unseren Laubsängern noch am lebhaftesten gefärbt, allerdings gibt es auch blassere Individuen – und im hohen Geäst der Laubbäume sind Farben ohnehin schwer zu sehen. **Stimme:** Der Gesang des Waldlaubsängers tritt in 2 Formen auf: eine Serie von ammernartigen »zizizizizi. . .«-Lauten, die in ein hohes, insektenartiges Schwirren übergehen und eine anschwellende Serie von 4–6 weichen, melancholischen »djüh-djüh-djüh-djüh. . .«-Rufen. Die Rufe ähneln den Elementen der 2. Gesangsform, ein trauriges »djüh«. **Vorkommen:** Seinen Namen trägt er zurecht, er ist ein typischer (Laub-)Waldvogel, wobei hochstämmige Bäume, ein geschlossenes Kronendach und geringer Unterwuchs geschätzt werden. Als reiner Insektenfresser verlässt uns der Waldlaubsänger schon im August und kehrt im April/Mai zurück. **Lebensweise:** Das backofenförmige Nest steht an unterholzfreien Waldstellen, zwischen Wurzeln oder altem Laub gut versteckt, unmittelbar auf dem Boden. Ihre Nahrung suchen Waldlaubsänger fast ausschließlich in den höchsten Baumkronen; sie besteht aus kleinen Insekten und Spinnen, im Herbst gelegentlich auch aus Beeren.

Sommergoldhähnchen

Regulus ignicapillus

Nest

Aussehen: Sommer- und Wintergoldhähnchen sind mit einem Gewicht von nur 5 g unsere kleinsten Vögel. Die Unterscheidung der beiden Arten wird erleichtert durch die auffallenden schwarz-weißen Augenstreifen des Sommergoldhähnchens, die dem Wintergoldhähnchen fehlen. Die bei den Weibchen gelbe, bei den Männchen orangerote »Krone« ist oft schwer zu sehen. **Stimme:** Der Gesang besteht aus einer sich beschleunigenden und in der Tonlage ansteigenden Serie von Tönen, während das Lied der Zwillingsart »unentschlossen« in der Tonhöhe schwankt und keine Steigerung kennt. Die Rufe der beiden Arten sind ähnlich, ein meist dreisilbiges »sii-sii-sii«, beim Sommergoldhähnchen auch ein meisenartiges, wiederholtes »piip«. **Vorkommen:** Lebensraum beider Arten sind hauptsächlich Nadelwälder, aber auch Mischwälder und Parks. Als Kurzstreckenzieher verlassen die meisten Sommergoldhähnchen Mitteleuropa ab September und kehren im April zurück. **Lebensweise:** Das Nest beider Arten ist ein dicht verfilzter, kugelförmiger Napf hoch im Geäst von Fichten (s. Grafik). Als Nahrung dienen kleine, weichhäutige Insekten (z. B. Blattläuse), im Frühjahr ergänzt durch Nektar und Pollen.

Grauschnäpper

Muscicapa striata

charakteristischer Beuteflug

Aussehen: Unter den Fliegenschnäppern ist der Graue der unscheinbarste, im Aussehen ebenso wie in Verhalten und Stimme. Die Oberseite ist bräunlichgrau, Scheitel und weißliche Brust sind dunkel gestrichelt. **Stimme:** Während Trauer- und Zwergschnäpper recht melodische Töne von sich geben, verfügt der Grauschnäpper nur über eine fast tonlose hohe Stimme. Ständig lässt er ein etwas gedehntes, raues, oft zweisilbiges »ziht« hören. Der Gesang ist eine kaum auffälligere Folge piepsender, rauer Töne ohne Schwung und Rhythmus. **Vorkommen:** Lichte Baumbestände bis in die Städte sind seine Lebensräume. Die Vögel ziehen im September ab und kehren im Mai wieder zurück. **Lebensweise:** Die sehr brutorttreuen Vögel suchen sich am alten Ort einen geeigneten Nistplatz, wobei sie überdachte, halbhöhlenartige Stellen bevorzugen. Alle Fliegenschnäpper fallen durch die Art auf, wie sie von einer Warte aus vorbeifliegende Insekten im raschen Kurvenflug erhaschen (s. Grafik). Oft kehren sie danach auf den gleichen Platz zurück und zucken mit den Flügeln. Im Herbst können Beeren den Speiseplan bereichern.

Zwergschnäpper

Ficedula parva

Aussehen: Das Männchen kann mit einem Rotkehlchen verwechselt werden, sein orangerotes Lätzchen reicht jedoch nicht so weit bauchwärts und umschließt auch nicht das Auge, der Kopf ist nicht braun sondern grau; die weiße Schwanzzeichnung ist auch für die unscheinbar grauen Weibchen und Jungvögel charakteristisch. **Stimme:** Der Gesang besteht aus einer etwas stockenden Einleitung, die im 2. Teil in eine melodische Serie melancholisch abfallender Flötentöne übergeht: »zwi zwi zwi zwiwili ziwilidülülülü«. Der häufigste Ruf ist ein trockenes Schnärren: »zrrt«, der Warnruf ein wohltönendes, gereihtes »ilü«, das aus der Entfernung einsilbig klingt. **Vorkommen:** Hochstämmige Laub- und Mischwälder, vor allem Altbuchenbestände mit natürlichen Baumhöhlen bieten ihm den geeigneten Lebensraum. Feuchte, schattige Stellen, Schluchten und steile Hänge werden bevorzugt. Als Fernzieher verlässt er uns zwischen August und Oktober und kehrt erst Ende Mai zurück. **Lebensweise:** Ein Vogel der hohen Baumkronen, den man deshalb nicht leicht zu Gesicht bekommt. Das Nest wird in tiefen Astgabeln, ausgefaulten Ästen oder Stammnarben, in Baum- oder Felsspalten sowie in Höhlen mit engem Einschlupf errichtet. Im Flug gefangene Insekten bilden die Hauptnahrung; im Spätsommer ergänzen kleine Beeren die Kost.

Trauer-schnäpper

Ficedula hypoleuca

Foto oben links: Männchen, Foto oben rechts: Weibchen

Halsbandschnäpper

Aussehen: Dieser rundliche, kurzschwänzige Vogel trägt als Männchen ein hübsches, oberseits schwarzes, unterseits weißes Prachtkleid; im Flügel fällt eine breite weiße Binde auf, die Stirn ziert ein weißer Fleck (der ähnliche Halsbandschnäpper besitzt ein weißes Halsband, vgl. Grafik). Weibchen und Jungvögel sind matter, mehr bräunlichgrau gefärbt, lassen aber immer eine weiße Flügelbinde erkennen. **Stimme:** Der sehr hübsche Gesang besteht aus einer etwas wehmütig klingenden Strophe klarer Töne, die sich aus 3–6 Motiven zusammensetzt, die in unterschiedlicher Reihenfolge vorgetragen werden, etwa »zwih-tektek« oder »zidülidülidüli« oder »wüdje-wüdje. . .«. Der Lockruf ist ein klares, kurzes »zwitt« oder »hüitt«, das auch schmätzerartig mit »tett«-Rufen kombiniert wird. **Vorkommen:** Er brütet in Laub-, Misch- (und Nadel-)Wäldern, in denen geeignete Bruthöhlen (auch Nistkästen) vorhanden sind; in den Alpen bis zu einer Höhe von etwa 1500 m. **Lebensweise:** Das Nest wird ausschließlich in Specht-, Ast-, Mauer- oder Bodenhöhlen, am liebsten aber in Nistkästen gebaut. Die Nahrung besteht aus fliegenden Insekten.

Schwanzmeise

Aegithalos caudatus

skandinavische Rasse

kontinentale Rasse

Aussehen: Sogar als Silhouette ist dieser kleine Turner im Geäst unverwechselbar: ein rundes Federbällchen mit einem überdimensional langen Schwanz. Die mitteleuropäischen Schwanzmeisen tragen über dem Auge einen dunklen Streif, der mit dem der anderen Seite im Nacken zu einem schwarzen V auf dem Rücken verschmilzt. Die nördliche Rasse, die bei uns oft im Winter auftritt, hat einen ganz weißen Kopf (vgl. Grafiken). **Stimme:** Man erkennt die Anwesenheit von Schwanzmeisen sofort an ihren kurzen, trocken surrenden »tserr«-Rufen, zwischen denen man oft ein schmatzendes »tzeck« vernimmt. Wenn sie offenes Gelände überqueren müssen, hört man ängstliche »zi-zi-zi«-Rufe. Der Gesang besteht aus einem ziemlich tonlosen Geschwätz. **Vorkommen:** Vor allem feuchte Laub- und Mischwälder mit viel Unterholz sowie Parks und Gärten werden als Bruthabitat gewählt; außerhalb der Brutzeit kann man Schwanzmeisen meist truppweise in allen möglichen Gehölzen antreffen. Die Art ist überall Stand- und Strichvogel. **Lebensweise:** Das sehr kunstvoll zu einem Beutel aus Moos, Flechten und Spinnweben gefügte, gut getarnte Nest (vgl. Foto) steht in Astgabeln von Bäumen oder im Gebüsch oder hängt in den äußersten Wipfeln von Nadelbäumen und wird mit bis zu 2000 Federchen ausgepolstert. Kleine Insekten und Spinnen bilden die Hauptnahrung; hinzu kommen Knospen, Früchte und Fett (am Futterhaus).

Sumpfmeise
Parus palustris

Aussehen: Diese in beiden Geschlechtern graue Meise mit der schwarzen Kappe und dem schmalen schwarzen Lätzchen (vgl. Grafik) ist leicht mit der Weidenmeise zu verwechseln, ist aber häufiger und weiter verbreitet als diese. **Stimme:** Das Lied besteht aus einer Folge einsilbiger Töne, etwa »tjipp-tjipp-tjipp. . .« oder auch zweisilbig »pitji-pitji-pitji. . .«. Ihre Rufe hören sich wie ein explosives Niesen an »pitschü«, auch schnell schnarrend »psitche-che-che-che. . .« oder keck pfeifend »tschiü-tschiü-tschiü«. **Vorkommen:** Als Bruthabitat bevorzugen sie (feuchte) Laub- und Mischwälder, nutzen aber auch Parks und Gärten zur Aufzucht ihrer Jungen. Außerhalb der Brutzeit sind sie auch in anderen Lebensräumen anzutreffen. Auch im Norden sind sie Stand- und Strichvögel. **Lebensweise:** Wie alle echten Meisen brüten sie in natürlichen Höhlen oder Nistkästen. Bei der Wahl des Nistplatzes werden (ausgefaulte) Höhlen in Baumstämmen, die gegebenenfalls erweitert werden, anderen Naturhöhlen oder Nistkästen deutlich vorgezogen. Als sehr standorttreue Vögel brüten sie immer wieder im gleichen Revier. Im Frühjahr und Sommer bilden Insekten und Spinnen die Hauptnahrung; ab Spätsommer spielen Sämereien von Stauden und Bäumen eine wichtige Rolle.

Weidenmeise
Parus montanus

Aussehen: Die schwarze Kappe hat nur bei der Sumpfmeise einen Glanz, das Lätzchen ist bei der Weidenmeise meist größer und breiter (vgl. Grafiken), ihre Flanken sind etwas bräunlicher. Da die Weidenmeise viel mehr an ihren speziellen Lebensraum gebunden und insgesamt viel seltener ist; wird man sie kaum je im Garten oder am Futterhaus finden. **Stimme:** Der Gesang ist ungewöhnlich melodisch für eine Meise, ein abfallendes, flötendes »siü-siü-siü. . .« in verschiedenen Tonlagen, das ein wenig an das melancholische Lied des Waldlaubsängers erinnert; auch ein »zi-zi zi zi« ist zu hören. Sehr typisch für die Weidenmeise sind ihre rau-nasal gedehnten Warnrufe: »dääh dääh dääh« (vgl. Dorngrasmücke, S. 48), oder auch ein »zi-zi däh däh«. **Vorkommen:** In Skandinavien und in den Alpen bewohnt sie besonders Nadelwälder, während sie im Tiefland Weichholzauen und feuchte Laubwälder besiedelt; wichtig ist ein gewisses Angebot an Morschholz. Ganzjährig anzutreffender Stand- und Strichvogel. **Lebensweise:** Das Nest wird meist in selbst gehackten Höhlen in morschen und sehr weichen Hölzern gebaut. Es wird nur wenig Nistmaterial eingetragen. Die Nahrung besteht im Frühjahr und Sommer überwiegend aus Insekten und Spinnen, später auch aus Sämereien.

Haubenmeise

Parus cristatus

Aussehen: Durch ihren in beiden Geschlechtern hübsch und markant schwarz-weiß gezeichneten Kopf mit der charakteristischen Spitzhaube ist die Haubenmeise unverkennbar. **Stimme:** Der Gesang besteht aus der Aneinanderreihung von zwei sich abwechselnden Elementen, einem hohen »zizizi« und einem tieferen, vibrierenden »djüdjüdjü«. Auch die Rufe bestehen aus Variationen dieser beiden Elemente wie »ziziwi« und tiefere »djürrrr«-Rufe, die stets die Anwesenheit von Haubenmeisen signalisieren. **Vorkommen:** Sie ist ein sehr standorttreuer Bewohner von Nadel- (und Misch-)Wäldern. Auch in Parks und auf Friedhöfen mit einzelnen Koniferen findet man brütende Haubenmeisen. Die Art ist überall Standvogel. **Lebensweise:** Das Nest wird meist in einer in morsches Holz selbst gehackten kleinen Höhle aus wenig Nistmaterial gebaut. In ihrem Nahrungsverhalten ähneln Haubenmeisen den Sumpfmeisen, wie sie legen sie im Winterhalbjahr in Verstecken Vorräte von Samen an; im Frühjahr und Sommer sind Insekten und deren Larven die Hauptnahrung, während Spinnen und deren Eier das ganze Jahr über eine gewisse Rolle spielen.

Tannenmeise

Parus ater

weißer Nackenfleck

Aussehen: Am leichtesten unterscheidet man sie von anderen grauen Meisen durch ihren weißen Nackenfleck (s. Grafik). An zweiter Stelle steht der rosabräunliche (statt weißlichgraue) Bauch und an dritter Stelle der schwarze Latz, der größer ist als bei Sumpf- und Weidenmeise. **Stimme:** Der Gesang der Tannenmeise besteht aus einem eiligen, wetzenden »wietze-wietze-wietze. . .« in verschiedenen Tonlagen und mit unterschiedlicher Betonung, das auch wie ein »sitjü-sitjü-sitjü. . .« klingen kann. Die Lockrufe sind feine, oft wehmütig klingende Töne wie »tühe« oder »tih tüh«. Während der Nahrungssuche hört man ein nichtssagendes »psit« oder »psitisi«, auch feine, sehr hohe »si-si-si. . .«-Reihen, die an Goldhähnchen erinnern. **Vorkommen:** Als Lebensraum ist sie – wie ihr Name sagt – auf Nadelwälder, speziell auf Fichten angewiesen; allerdings genügen ihr auch schon kleine Gruppen älterer Fichten (z.B. in Gärten und Parks), sofern Bruthöhlen zur Verfügung stehen. Außerhalb der Brutzeit findet man sie auch in Laubbäumen und häufig an Futterstellen. **Lebensweise:** Als Neststandort werden Baumhöhlen und heute oft Nistkästen bevorzugt. Die Nahrung besteht zur Brutzeit hauptsächlich aus Insekten und Spinnen, im Herbst und Winter aus Koniferensamen, Bucheckern und anderen Sämereien.

Kohlmeise
Parus major

Männchen

Weibchen

Aussehen: Sie ist unsere häufigste und auffälligste Meise und dürfte allgemein bekannt sein. Weniger bekannt ist der kleine Unterschied zwischen Mann und Frau (vgl. Grafiken): Bei den Männern reicht der schwarze Bauchstreifen stets bis zum Schwanz und verbreitert sich sogar noch am Unterbauch. Bei den Damen nimmt die Farbkraft des Streifens nach hinten zu ab; auch das Gelb ihrer Unterseite ist weniger farbkräftig. **Stimme:** Obwohl ihr hell klingender Gesang nur aus zwei Tönen besteht, ist es erstaunlich, was sie durch unterschiedliche Reihung, wechselnde Tonlage und veränderten Rhythmus alles daraus zu machen verstehen. Ebenso vielfältig sind ihre oft finkenartigen Rufe. **Vorkommen:** Lockere Mischwälder und jede andere Art von Baumgruppen sind ihr Lebensraum. Mit Nistkästen kann man sie aber auch in finstere Nadelwälder und das Innere von Städten locken. Außerhalb der Brutzeit trifft man sie beinahe überall an, wo nur ein paar Zweige wachsen. **Lebensweise:** Sie brüten in allen erdenklichen Löchern und Höhlen, am liebsten in Spechthöhlen und Nistkästen. Zur Brutzeit stehen Insekten, Spinnen und kleine Bodentiere hoch im Kurs, im Herbst und Winter auch oder überwiegend Sämereien, Früchte, Knospen und, wo es sich bietet, Fett.

Blaumeise
Parus caeruleus

Aussehen: Als einzige Meise mit blauer Kappe, blauem Schwanz und blauen Flügeln kann man die Blaumeise kaum verwechseln. **Stimme:** Im silberhell klingelnden Gesang der Blaumeise ist ein trillerndes Schwirren charakteristisch: »psizi-sirrrr«. Zu den Warnrufen gehört ein schnärrendes »tjerr-err-err«. Ein helles »tji-di-di« dient wohl als Kontaktruf, ebenso ein »pitzi-zäh«. **Vorkommen:** Sie brüten in lichten Laubwäldern, Parks und Gärten, treiben sich außerhalb der Brutzeit (oft mit anderen Meisen) aber fast überall herum, besonders gern im Schilf. Abgesehen vom äußersten Norden (Skandinavien) ihres Verbreitungsgebietes sind Blaumeisen Standvögel. **Lebensweise:** Blaumeisen sind Höhlenbrüter, die heute in Mitteleuropa vor allem in Nistkästen, sonst in den verschiedensten Naturhöhlen brüten. Zur Brutzeit machen kleine Insekten (z. B. Blattläuse) den Hauptteil der Nahrung aus; später kommen zahlreiche Sämereien dazu sowie Obst und Beeren, im Spätwinter auch Knospen; an Futterstellen kommen sie bekanntlich gerne. Im Frühjahr werden Blüten nach Nektar, Pollen und Insekten abgesucht, besonders beliebt sind Weidenblüten.

Kleiber
Sitta europaea

Aussehen: Wenn ein kleiner energischer Vogel mit blaugrauem Rücken und rostrotem Bauch in allen Positionen an Stämmen und Ästen herumklettert, so kann es nur der Kleiber sein. Der kräftige schwarze Augenstreif gibt ihm etwas Banditenhaftes. **Stimme:** Wenn sein Aussehen an Banditen erinnert, so seine Pfiffe an Gassenjungen, laute, nach oben gezogene »huuiit«-Rufe, die auch in beschleunigten »duit-duit-duit. . .«-Reihen gebracht werden. Darüber hinaus hört man ein rasches »wiwiwiwiwiwi. . .« und ein durchdringendes »piüpiüpiü. . .«; bei Erregung ein lautes »tuett-tuett-tuett«. **Vorkommen:** Der Kleiber ist eng an (Alt-)Baumbestände gebunden, größere freie Flächen überfliegt er nicht einmal gern. Vor allem lichte Laub- und Mischwälder, Parks, Gärten und Alleen sind sein Habitat; dichte Nadelwälder meidet er im Allgemeinen. Kleiber sind recht ortstreue Standvögel. **Lebensweise:** Mit feuchter Erde verengen (ver-»kleiben«) die Vögel den Eingang vorgefundener Höhlen auf Körpermaß und runden scharfe Kanten und Ecken im Innern gleich dazu. Als Unterlage für ihre Eier bevorzugen sie die rötlichen Rindenplättchen der Kiefer. Nahrung: zur Brutzeit Insekten und Spinnen, ab Spätsommer die Samen von Laub- und Nadelbäumen. Das ganze Jahr über neigen Kleiber zur Vorratshaltung, sogar Fleischvorräte werden in Ritzen und Spalten angelegt und mit Flechten getarnt.

Beutelmeise
Remiz pendulinus

Nest

Aussehen: Mit ihrem hellgrauen Kopf, der schwarzen Augenmaske (breit beim Männchen, schmal beim Weibchen), dem rotbraunen Mantel und der zart rötlichbraunen Unterseite sehen sie einem kleinen Neuntöter ähnlich. **Stimme:** Der Gesang klingt wie ein zarter, heller Grünlingsgesang mit gezogenen Tönen. Der ständig zu hörende Lockruf, ein feines, abfallendes »tsiiiü« verrät ihre Anwesenheit (nicht zu verwechseln mit dem ähnlichen, aber kürzeren Lockruf der Rohrammer, siehe Seite 90). **Vorkommen:** Ihr Lebensraum sind lichte Baumbestände auf feuchten Standorten mit dichtem Buschwerk; außerhalb der Brutzeit oft in Röhrichten mit Weidenbüschen. Im September/Oktober wandern die Vögel ins Mittelmeergebiet ab und kehren im April zurück. **Lebensweise:** Die 15–20 cm langen Beutelnester mit der seitlichen Einschlupfröhre werden aus Pflanzenwolle, Tierhaaren, Bastfasern gebaut (Foto: »Henkelkorbstadium«, Grafik: fertiges Nest) und sind so stabil, dass sie sogar als Pantoffel verwendet werden können. Nahrung: Kleintiere und Sämereien.

Waldbaumläufer

Certhia familiaris

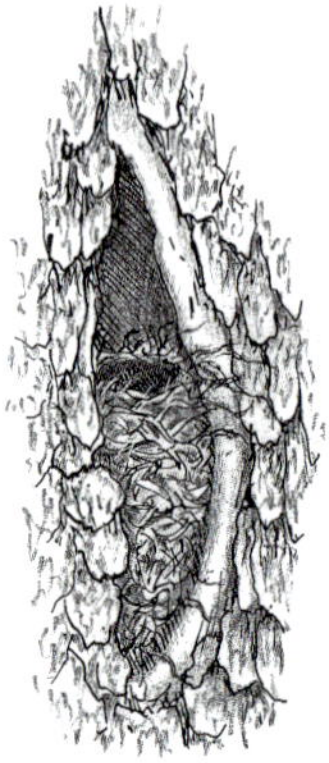

Nest hinter Baumrinde

Aussehen: Baumläufer sind zierliche Klettervögel, die rindenfarbig getarnt an Baumstämmen herumhuschen und mit ihrem dünnen, gebogenen Schnabel in den Ritzen nach Beute suchen. Sie besitzen einen gestuften Stützschwanz und fallen gewöhnlich mehr durch ihre Stimme auf. Der Waldbaumläufer ist von der folgenden Art äußerlich kaum zu unterscheiden: Bauch und Flanken etwas heller, Schnabel etwas kürzer und gerader, hintere Kralle etwas länger. **Stimme:** Die Strophe des Waldbaumläufers ist länger und leiser als beim Gartenbaumläufer mit einem längeren, abfallenden Triller und meist einem Endschnörkel: »zizi zisisrri zrrisrirr«. Bei Erregung ein sehr hohes »srii«, im Flug und Nahkontakt dünne, kurze, nur aus der Nähe vernehmbare »tit« oder »ti« und daraus gebildete Rufreihen; bei Revierstreitigkeiten hört man einen drohenden Triller wie »brüd-brüd-brüd. . .«. **Vorkommen:** Ihr Bruthabitat sind große geschlossene Waldgebiete mit Altholzbeständen; höhere Berglagen sagen ihnen besonders zu. Stand- und Strichvogel. **Lebensweise:** Die Weibchen wählen den Nistplatz in Ritzen und Spalten, hinter abgesprungener Rinde (vgl. Grafik) oder in Reisighaufen, auch an Gebäuden. Die Nahrung besteht aus kleinen Insekten und Spinnen sowie deren Eiern und Larven; im Winter nehmen sie an Futterplätzen auch Fett mit Kleie.

Gartenbaumläufer

Certhia brachydactyla

Aussehen: Siehe vorige Art. Bei den Baumläufern sind – wie bei vielen unscheinbar gefärbten Vogelarten – die Geschlechter äußerlich nicht zu unterscheiden. **Stimme:** Der Gesang ist eine stotternde, undeutlich sechssilbige Strophe »tüt-tüt-titeroi-sri«, die nur eine Sekunde dauert, aber viel kräftiger ist als die Strophe des Waldbaumläufers. Bei Erregung weithin hörbare »tüt«-Rufe, auch kleiberähnlich »tüi« oder »türr« wie Haubenmeisen. Der Drohtriller ist ein scharfes »zitititit«. **Vorkommen:** Laub- und Mischwälder des Tieflandes mit vielen alten Bäumen sind der Lebensraum des Gartenbaumläufers. Im Gegensatz zum Waldbaumläufer ist er aber nicht auf Wälder fixiert, sondern besiedelt alle möglichen Gehölze und weiß auch das Stadtleben zu schätzen. **Lebensweise:** Nistplätze wie Waldbaumläufer. Man hat errechnet, dass Baumläufer am Tag bis zu 200 Bäume nach Nahrung absuchen und dabei eine Kletterstrecke von 2–3 km zurücklegen. Meistens klettern sie in Spiralen den Stamm hoch und lassen sich dann kraftsparend zum Fuß des nächsten Baumes hinunterfallen. Die Nahrung gleicht der des Waldbaumläufers.

Pirol

Oriolus oriolus

Foto: Männchen

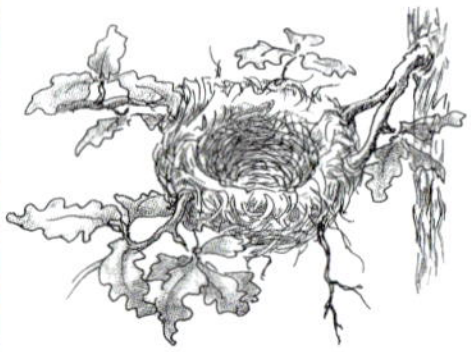

Nest

Aussehen: Ein exotisch wirkender Vogel: Der Körper des Männchens ist kräftig goldgelb, der Schnabel lackrot, Flügel und Schwanz sind schwarz. Bescheidener und mehr grünlich sind die Weibchen gefärbt. **Stimme:** Der Reviergesang ist eine ebenso kurze wie melodische Strophe, ein jodelndes »düdüdelio«. Man nennt den Pirol deshalb auch Vogel Bülow. Daneben gibt es einen leisen, vielgestaltigen Plaudergesang, wie man ihn ähnlich vom Eichelhäher kennt. Bei Erregung lassen beide Geschlechter ein charakteristisches, heiseres »chräi« oder »wiächt« hören. Ein hohes, turmfalkenähnliches »gikgikgik. . .« drückt Aggression aus. **Vorkommen:** Pirole bewohnen lichte, besonders feuchte und doch sonnige Laubwälder. Seine südlich-exotische Herkunft zeigt der Pirol durch ein nur kurzes sommerliches Gastspiel und eine südöstliche Zugrichtung: Der Wegzug erstreckt sich von Ende Juli bis in den September; vor Mitte Mai kommen die Pirole selten zurück. **Lebensweise:** Hoch in den Baumkronen baut das Weibchen sein Nest, das wie eine Wiege zwischen zwei Äste geflochten wird (vgl. Grafik). Die Nahrung besteht aus Insekten und deren Larven (einschließlich behaarter Raupen), später auch aus fleischigen Früchten.

Neuntöter

Lanius collurio

Vorwarnliste

Aussehen: Mit seinem rotbraunen Rücken, der schwarzen Augenmaske und dem schwarz-weißen Schwanz ist das Männchen (im Foto rechts) unverkennbar. Schwieriger einzuordnen ist das Weibchen (links), dessen Rücken von gedeckterem Braun, dessen Maske nur angedeutet und dessen Unterseite gewellt oder geschuppt gezeichnet ist. Durch ihr Verhalten geben sich beide als typische Würger zu erkennen. **Stimme:** Der Gesang ist recht variabel und reich an Imitationen, bald kräftig wie beim Sumpfrohrsänger, bald leise schwätzend. Der Ruf ist ein gepresstes, explosives »wäf« oder bei stärkerer Beunruhigung »schak-schak-schak«. **Vorkommen:** Offene Kulturlandschaften, sonnige Böschungen und Wiesen mit einzelnen Büschen oder Dornenhecken, Brachland und Waldlichtungen sind sein Lebensraum. Die Altvögel ziehen schon im August in Richtung Afrika ab, die Jungen 4–6 Wochen später; im Mai kehren sie nach Europa zurück. **Lebensweise:** Das Nest wird meist niedrig in Schlehen, Heckenrosen, Brombeeren, Weißdorn oder anderen Büschen gebaut. Größere Insekten, Feldmäuse und kleine Vögel werden aus dem Ansitz erbeutet und zur Vorratshaltung auf Dornen und spitze Zweige gespießt.

Eichelhäher

Garrulus glandarius

Flugbild

Aussehen: Ein in beiden Geschlechtern recht bunter Vogel, dessen Farbigkeit aber nur aus der Nähe erkennbar wird, etwa die bizarren blau-weißen Federn am Flügelbug. Im Flug ist er durch den Kontrast von schwarzem Schwanz und weißem Bürzel und von Schwarz-Weiß auch im Flügel unverkennbar (s. Grafik). **Stimme:** Sein im Spätwinter zu hörender Gesang ist nur aus der Nähe zu vernehmen und besteht aus einer merkwürdigen Mischung von glucksenden und knackenden Geräuschen sowie klagenden Tönen. Sein lauter, heiserer Warnruf (»krschääh«) verrät den »Wächter des Waldes«; beim Anblick von Eulen schwillt es zu ohrenbetäubendem Geschrei an. Auch ein bussardähnliches »pjiäh« und andere Imitationen sind oft zu hören. **Vorkommen:** Zur Brutzeit sind Wälder und Parks sein Lebensraum, im Herbst streifen die Vögel in Trupps weit herum, meiden aber baumlose Landschaften. Stand- und Strichvogel. **Lebensweise:** Das ansehnliche Nest wird auf Bäumen oder Büschen in einer kräftigen Astgabel errichtet. Der Speiseplan ist äußerst vielseitig und reicht von Insekten und Jungvögeln bis zu Nüssen und anderen Baumfrüchten. Bekannt ist das Verstecken von Eicheln und anderen Samen für den Winter, was auch zur Verbreitung der betreffenden Pflanzen beiträgt.

Tannenhäher

Nucifraga caryocatactes

Flugbild

Aussehen: Ein brauner Vogel mit vielen weißen Flecken und einem kräftigen spitzen Schnabel. Im Flug hebt sich der schwarze Schwanz mit weißer Spitze vom leuchtend weißen Steiß ab (s. Grafik). **Stimme:** Im Vorfrühling kann man aus geringer Entfernung den leise schwätzenden Gesang mit allerlei Imitationen hören. Charakteristisch sind seine lauten »kärr-kärr«- oder »rräh-rräh«-Rufe, die an die Rabenkrähe erinnern. **Vorkommen:** In den Alpen und Mittelgebirgen Brutvogel in Fichten-, Lärchen- und Arvenwäldern sowie in Mischwäldern mit hohem Koniferenanteil; fehlt im Tiefland. Außerhalb der Brutzeit auch über der Waldgrenze sowie im Tal bis in die Ortschaften anzutreffen. **Lebensweise:** Das kräftige Nest aus Zweigen, vermodertem Holz, Erde und Gras steht meist stammnah auf Nadelbäumen und enthält 3–5 Eier. Die Vögel sind geschickt im Öffnen von Zapfen und im Knacken der harten Samen. Ab August/September werden im Kehlsack 100–200 Samen gesammelt, oft mehrere Kilometer weit transportiert und an etwa 6000 Stellen versteckt. Außer Arven- und Fichtensamen werden gerne auch verschiedene Nüsse gefressen und gesammelt; weiterhin Aas, Abfälle, kleine Tiere.

Elster

Pica pica

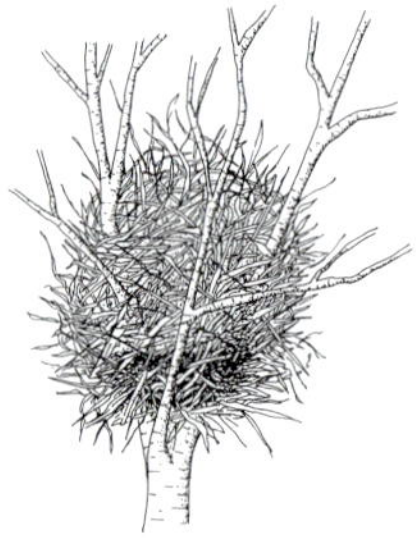

Nest

Aussehen: Aus der Entfernung erscheinen die langschwänzigen Vögel nur schwarz und weiß. Aus der Nähe erkennt man einen wunderschönen Blauglanz auf den Flügeln und einen grün-blau changierenden Schimmer der Schwanzfedern. **Stimme:** Der Gesang, ein leise faselndes Wimmern und Zwitschern ist selten zu hören. Häufig dagegen vernimmt man ein heiseres »schräk-räk-räk«, daneben leisere Rufe wie »tschiuk« oder »piak«. **Vorkommen:** Von lichten, buschreichen Wäldern bis hin zu offenen, nahezu baum- und strauchlosen Landschaften reicht das Spektrum natürlicher Lebensräume der Elster. In zunehmendem Maße haben die gescheiten Vögel entdeckt, dass es in Ortschaften keine Jäger gibt. **Lebensweise:** Als einziger größerer Vogel unserer Landschaften bauen Elstern ein Nest mit Dach, wodurch der Bau ungewöhnlich groß erscheint (vgl. Grafik). Die Nestmulde ist verglichen damit recht klein, aber säuberlich mit Lehm ausgestrichen. Wie alle Krähenvögel sind Elstern in kulinarischer Hinsicht ebenso vielseitig wie wählerisch. Im Sommer sind Bodentiere die Hauptnahrung, mit der auch die Jungen gepäppelt werden. Im Herbst und Winter überwiegen Beeren, Körner und Früchte. Menschliche Abfälle sind das ganze Jahr über ein beliebtes Zubrot.

Kolkrabe

Corvus corax

Aussehen: Ein fast bussardgroßer Vogel mit mächtigem, leicht gebogenem Schnabel und keilförmig gestuftem Schwanz. In der Luft nicht leicht von Krähen zu unterscheiden. **Stimme:** Der Gesang ist wie bei den meisten Krähenvögeln nur ein leises Geschwätz mit knarrenden und gurgelnden Lauten. Häufig hört man im Flug ein tiefes, gutturales ein- oder mehrsilbiges »grog« oder »kork«, viel tiefer als ähnliche Rufe der Rabenkrähe. Flugspielende Paare lassen schnell gereihte »krokrokro. . .«-Rufe hören. Im Sitzen ertönt manchmal ein gedämpftes, aber weit zu hörendes »wrru«. **Vorkommen:** In Europa bewohnt der Kolkrabe sehr unterschiedliche Landschaften: Felsküsten, halboffene Gebiete, Wälder, Mittel- und Hochgebirge. Durch Schutz hat sich die Art auch wieder in der Kulturlandschaft ausgebreitet. **Lebensweise:** Die Vögel werden erst im 2. oder 3. Jahr geschlechtsreif und gehen dann eine monogame Dauerehe ein. Der Horst wird auf Bäumen (Kiefern, Buchen) oder in Felsnischen errichtet. Der Speiseplan ist vielseitig und abwechslungsreich: Aas, Jungtiere, Kleinsäuger, Reptilien, Amphibien, Insekten, Würmer und Schnecken, dazu Samen und Früchte sowie menschliche Abfälle.

Aaskrähe

Corvus corone

Nebelkrähe

Aussehen: Unsere häufigste Krähe ist allgemein bekannt; sie kommt in Europa in zwei Rassen vor: die ganz schwarze westliche Rabenkrähe (Foto) und die östliche Nebelkrähe mit grauem Leib (Grafik). **Stimme:** Der selten zu hörende, leise schwätzende Gesang klingt oft bauchrednerisch und enthält Pfeiflaute und Imitationen. Der häufigste Ruf ist ein kräftiges »krah« oder »arr«, weniger heiser als bei der Saatkrähe; im Sitzen verbeugen sich die Krähen beim Rufen. Dieser Grundruf wird vielfach variiert und klingt bald tiefer und rauer, bald heller. Beim Hassen auf Greifvögel hört man ein knarrendes »krrr-krrr«. **Vorkommen:** Die Grenze zwischen den Brutgebieten der beiden Rassen verläuft mitten durch Deutschland, etwa von Dänemark bis zur Adria; Irland, Schottland und Italien sind Nebelkrähen-Gebiet. Gehölze der offenen Kulturlandschaft dienen als Bruthabitat. Stand- und Strichvogel. **Lebensweise:** Im Gegensatz zur Saatkrähe brütet die Aaskrähe meist einzeln und verteidigt ein großes Revier. Jungvögel und Nichtbrüter bilden aber ganzjährig Trupps und Schwärme, wenn auch selten so große wie die Saatkrähe; oft mischen sich Dohlen darunter. Wie alle Rabenvögel sind Aaskrähen Allesfresser, am Boden lebende Kleintiere, Feld- und Baumfrüchte sowie Abfälle bilden die Hauptnahrung.

Saatkrähe

Corvus frugilegus

Brutkolonie

Aussehen: Die Altvögel unterscheiden sich von der ähnlichen Rabenkrähe durch eine helle (unbefiederte), bis zum Auge reichende Schnabelbasis (fehlt bei Jungvögeln) und einen spitzeren Schnabel; das Bauchgefieder steht hinter den Beinen oft struppig ab (»Hosen«). **Stimme:** Gesang und Rufe ähneln denen der Aaskrähe, sind aber meist rauer. **Vorkommen:** Sie ist ein Vogel der großen offenen Flächen und meidet sogar auf ihren Wanderungen hügeliges oder bergiges Land. In Feldgehölzen, Alleen und städtischen Parks brüten sie in Kolonien mit oft mehreren hundert Nestern (vgl. Grafik). Die nordöstlichen Populationen unternehmen im Herbst scharenweise Wanderungen in südwestlicher Richtung; bei uns ist sie überwiegend Stand- und Strichvogel. **Lebensweise:** Die oft zu mehreren in einem Baum stehenden Nester bestehen aus einer Unterlage aus Zweigen, die mit Grassoden und Erde zusammen gehalten wird. Die Nestmulde selbst wird mit feinen Pflanzenmaterialien, Federn und Haaren ausgepolstert. 4 Wochen nach dem Schlüpfen sind die Jungen flügge, bleiben aber noch einige Wochen bei den Eltern.

Dohle

Corvus mondedula

Aussehen: Ähnlich einer kleinen Krähe, aber mit grauem Hinterkopf und Nacken und hellgrauer bis gelblicher Iris. **Stimme:** Der Gesang ist ein leises, variables Schwätzen. Sehr häufig sind die hellen »kjak«- oder »kjah«-Rufe zu hören, auch schnärrend »kjarr« oder »kjärr«. Bei Gefahr wird ein schnarrendes »kaaarr« geäußert. **Vorkommen:** Lichte, parkartige Altholzbestände mit Buchen, Felswände und Abbrüche sowie hohe, nischenreiche Gebäude (Kirchtürme, Burgen) sind die Bruthabitate dieses Höhlenbrüters. Zur Nahrungssuche werden Wiesen und Äcker, Öd- und Brachflächen aufgesucht, häufig zusammen mit Krähenschwärmen. **Lebensweise:** Zweijährige Vögel finden sich bereits im Winter zu monogamer Dauerehe zusammen und wählen gemeinsam den Nistplatz in Höhlen, Nischen, Löchern oder Spalten sowie in Nistkästen entsprechender Größe. Häufig wird das Nest auch in Kaminen und engen Schächten gebaut. Baumbrüter bevorzugen Schwarzspechthöhlen. Die Nahrung ist wie bei allen Krähenvögeln äußerst vielseitig und reicht von Kleintieren über Grünfutter bis zu Getreide, Beeren und Abfällen.

Alpendohle

Pyrrhocorax graculus

Aussehen: Ein schwarzer Vogel mit gelbem, leicht gebogenem Schnabel und roten Beinen. Die ähnliche, mehr in Südeuropa beheimatete Alpenkrähe hat einen roten Schnabel. **Stimme:** Bei der Gruppenbalz hört man einen leisen Plaudergesang. Das Inventar an Rufen ist beachtlich. Am häufigsten ertönt ein an Trillerpfeifen erinnerndes hohes »trrrii« oder »srrii« und ein gedämpfteres »dschirr«. **Vorkommen:** Brutvogel in steilen Felswänden oberhalb der Baumgrenze, gelegentlich auch an Gebäuden. Bei uns nur in den Alpen zu Hause. Im Winter besuchen ganze Trupps die Ortschaften der Täler. **Lebensweise:** Ab März sucht das Weibchen den meist traditionellen Nistplatz in unzugänglichen Felsspalten, Höhlen, Nischen oder Grotten auf. An geeigneten Plätzen kann es zur Bildung kleinerer Brutkolonien kommen. Nach dem Ausfliegen der Jungen halten die Familien bis in den Winter zusammen. Insekten, Schnecken, Würmer, auch Jungvögel und Aas, im Herbst und Winter Beeren, Obst und Knospen bilden die natürliche Nahrung; daneben menschliche Abfälle und Fütterungen an Rastplätzen.

Haussperling

Passer domesticus

Foto oben: Männchen
Foto Mitte: Weibchen

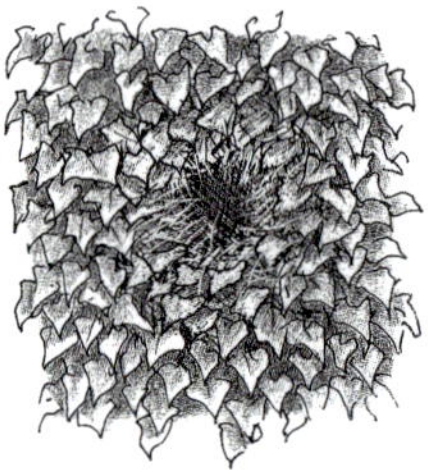

freies Nest im Efeu

Aussehen: Die Männchen tragen eine graue Kappe und einen schwarzen Latz, der zur Brutzeit ausgedehnt, im Winter klein und unauffällig ist. Die Weibchen sind unscheinbar bräunlichgrau, nur von nahem und zur Brutzeit oberseits hübsch gemustert. **Stimme:** Der »Gesang« der Männchen beschränkt sich auf ein rhythmisches Schilpen. Die Rufe in den verschiedenen Lebenslagen sind Abwandlungen davon: »tschuip«, weich »wäd«, »tschet-tschet«, auch »dü-dü-dü. . .«-Reihen. Der Alarmruf ist ein gezogenes »quiir« oder »krüü«. **Vorkommen:** Der Haussperling trägt seinen Namen zurecht. Er ist bei uns so vollständig zum Zivilisationsfolger geworden, dass man sich kaum noch vorstellen kann, wie er ohne den Menschen auskam. Dieser Weltbürger ist unglaublich anpassungsfähig, allerdings fehlen ihm in den Städten doch sehr die Pferdeäpfel früherer Zeiten. Er ist ein ausgesprochener Standvogel, der nur in der Jugend etwas weiter herumkommt. **Lebensweise:** Haussperlinge nisten vor allem unter Dachziegeln und in Höhlungen jeder Art, gelegentlich aber auch frei in Gebäuden und manchmal bauen sie sogar auf Bäumen einen struppigen Kobel mit seitlichem Eingang (vgl. Grafik). Die Nahrung besteht zur Brutzeit bis zu 30% aus Insekten, sonst aus Unkrautsamen, Körnern, Knospen, Trieben sowie menschlichen Abfällen.

Feldsperling

Passer montanus

Vorwarnliste

Foto unten

Aussehen: Bei Feldsperlingen unterscheiden sich die Geschlechter äußerlich nicht; beide haben einen adretten sattbraunen Oberkopf und stets einen kräftigen schwarzen Schönheitsfleck auf der weißen Wange; im Übrigen ähneln sie dem Haussperling. **Stimme:** Auch hier besteht der »Gesang« nur aus Reihen von »tschip«-Rufen, die etwas höher klingen als die des Haussperlings. Im Abflug ist ein hartes, hölzernes »tek-tek-tek. . .« zu hören. **Vorkommen:** Auch der Feldsperling hat den passenden Namen. Er zieht offene (Agrar-)Landschaften mit Baumgruppen dem Stadtleben vor, besiedelt aber gerne Stadtränder und Dörfer. Als Standvogel trifft man ihn das ganze Jahr in seinen Brutgebieten; nördliche Populationen unternehmen auch größere Wanderungen. **Lebensweise:** Das Nest wird am liebsten in Baumhöhlen mit engem Einschlupf gebaut, aber auch Nistkästen und Mauerlöcher dienen als Kinderwiege. Im Winter werden die Höhlen auch als Schlafplatz genutzt. Die Nahrung besteht überwiegend aus Sämereien, vor allem von Gräsern, aber auch von allerlei Kräutern; fleischige Früchte sind nicht beliebt. Zur Brutzeit werden auch Insekten und andere Kleintiere genommen.

Star

Sturnus vulgaris

Foto oben: »Glanzstar«

»Perlstar« (Herbst)

Aussehen: Aus der Entfernung erscheinen Stare in allen Kleidern bräunlich. Aus der Nähe sieht man, dass sie eine durchaus abwechslungsreiche Garderobe tragen. Die Frühjahrsmode setzt auf Glanz und grünvioletten Schimmer (»Glanzstar«); die Herbstmode bevorzugt Perlmuster, hell auf dunklem Grund (»Perlstar«, vgl. Grafik); die Jugend trägt praktisches Erdbraun. **Stimme:** Wie Stare singen, dürfte allgemein bekannt sein. Dieses Quietschen, Schnarren, Knacken und Pfeifen, teilweise mit Imitationen, ist kaum zu beschreiben. Beim Auffliegen hört man heisere Rufe, der Warnruf ist ein scharfes »wett wett«. Das Betteln der Jungvögel ist ein durchdringendes Schnärren. **Vorkommen:** Offene Flächen mit kurzer Vegetation und Nisthöhlen braucht der Star. Geschlossene Wälder scheiden daher aus dem einen Grund, baum- und gebäudelose Agrarlandschaften aus dem anderen Grunde aus. Als anpassungsfähiger Zivilisationsfolger weiß der Star aber die menschengemachten Verhältnisse zu seinen Gunsten zu nutzen. Unsere Stare überwintern in West- und Südeuropa, z.T. bereits in Mitteleuropa, und gehören mit den Feldlerchen zu den ersten Heimkehrern. **Lebensweise:** Bereits im März haben sie oft die besten Brutplätze besetzt. Jede halbwegs größere Höhle dient als Kinderstube. Zur Brutzeit wird tierische Nahrung bevorzugt, hauptsächlich Bodentiere. Wenn die fetten Ameisenköniginnen schwärmen, werden Stare (mit Lachmöwen) aber auch zu Luftakrobaten. Im Sommer und Herbst folgt die Traubenkur, dann sind Beeren und andere Früchte die Hauptnahrung.

Buchfink

Fringilla coelebs

Foto Mitte: Männchen,
Foto unten: Weibchen

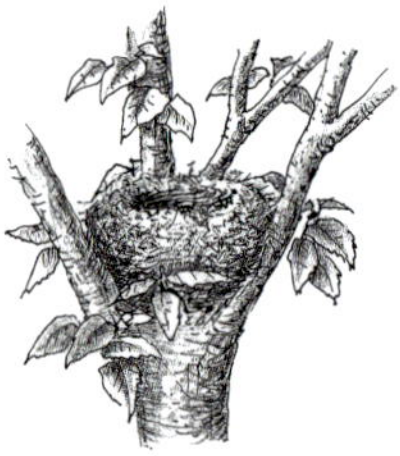

Nest

Aussehen: Einer unserer häufigsten Vögel. Das Männchen mit bräunlichroter Unterseite samt Gesicht, grauer »Frisur«, das Weibchen bräunlich, und beide mit auffallenden weißen Flügelabzeichen. **Stimme:** Der Gesang des Buchfinkenmanns – tausendmal jeden Tag zu hören – ist eine schmetternde Strophe aus 5–6 absteigenden Tönen mit einem optimistischen »tswietsu« am Ende. Der Flugruf ist ein weiches »jüpp«. Vom Ruf »pink« kommt der Name Fink. Der Warnruf ist ein wiederholtes »huitt« und der »Regenruf« ein raues »schrrüt«. **Vorkommen:** Überall, wo es Bäume gibt, selbst im finstersten Fichtenforst und auf der einsamsten Linde im Großstadtgewühl. **Lebensweise:** Das halbkugelige Nest, mit Moos, Spinnenweben und Flechten gut getarnt, steht hoch auf einem Ast (vgl. Grafik). Zur Brutzeit gibt es hauptsächlich eiweißreiche, fleischliche Kost. Das übrige Jahr ernähren sich Buchfinken vegetarisch von allen möglichen Samen und Körnern.

Grünling

Carduelis chloris

Flugbild

Aussehen: Die olivgrünen und grauen Männchen fallen mit ihren gelben Flügelfeldern und Schwanzseiten besonders auf. Die Weibchen sind ähnlich, aber unscheinbarer gefärbt. **Stimme:** Der häufig zu hörende Gesang ist abwechslungsreich und kräftig, manchmal wohltönend, manchmal klingelnd-klirrend; dazu hört man ein quäkendes »dwäsch«. Oft singen die Männchen im Balzflug, wobei sie wie betrunken herumgaukeln. Der Lockruf ist ein weiches »dwuit«, der Flugruf ein hüpfendes »djürürrüp«. **Vorkommen:** Offene Landschaften mit Baumgruppen und Flächen kurzer oder schütterer Vegetation sowie Parks und Gärten bis ins Zentrum der Städte sind ihre Bruthabitate. Zur Nahrungssuche findet man sie überall, wo Wildstauden noch blühen und fruchten dürfen. Stand- und Strichvogel. **Lebensweise:** Dichte Schnitthecken, Kletterpflanzen an Mauern, besonders Koniferen und immergrüne Ziersträucher werden als Niststandorte gewählt. Je nach Jahreszeit stehen reife und halbreife Samen von Gräsern, Kräutern und Bäumen, Beeren und weiche Früchte, Blatt- und Blütenknospen auf dem Speiseplan. Nur die kleinen Jungen werden mit Blattläusen gefüttert.

Stieglitz

Carduelis carduelis

Flugbild

Aussehen: Mit seiner Farbenpracht wirkt der Stieglitz oder Distelfink wie ein Exot in unserer sonst eher bieder gefärbten Vogelwelt. Durch seinen schwarz-weiß-roten Kopf und die leuchtend gelben Flügelbinden ist er nicht zu verwechseln. Auch die Weibchen sind so prächtig gefärbt. **Stimme:** Der Gesang ist ein munteres Gezwitscher, in das der typische und namengebende »stiglit«- oder »igittigit«-Ruf immer wieder eingeflochten wird. **Vorkommen:** Er lebt in offenen Landschaften mit einigen Bäumen (für das Nest), in denen es noch Disteln, Kletten und andere Wildstauden in genügender Zahl gibt. Städte und Dörfer mit nicht zu eifrigen Gärtnern werden ebenfalls regelmäßig besiedelt. Im Winter weichen diese »Exoten« nur gerade nach Frankreich oder ans Mittelmeer aus und kehren bald wieder zurück. **Lebensweise:** Das Weibchen baut ein ordentliches, mit Flechten getarntes Nest auf die äußersten Zweige eines Baumes oder hohen Busches, oft mitten im Verkehr von Autos und Menschen. Ihr spitzer Schnabel ist ein Spezialinstrument, um an tief sitzende Samen zu kommen. So besteht die Nahrung fast ausschließlich aus Sämereien von allerlei Stauden, aber auch von Birken und Erlen. Selbst die Jungen bekommen im Kropf vorgeweichte Samen und nur gelegentlich auch einmal ein paar Blattläuse.

Girlitz
Serinus serinus

Aussehen: Ein kleines gelb-grau-grünliches Vögelchen mit schwarzen Fleckenreihen auf Brust und Bauch und einem kurzem Schnäbelchen. Ein naher Verwandter des Kanarienvogels. Die Weibchen tragen weniger Gelb. **Stimme:** Der Gesang hat wenig Ähnlichkeit mit der kraftvollen Stimme des Kanarienvogels; er ist ein sehr hohes quietschend-klirrendes, phrasiertes Gezwitscher, oft auch im gaukelnden Singflug vorgetragen. Der Flugruf ist ein klirrendes »tirrilillit« oder (namengebendes) »zirr-lit«. **Vorkommen:** Offene, locker mit Bäumen und Gebüsch bestandene Landschaften mit Flächen niedriger oder schütterer Vegetation. Häufig in Ortschaften mit Nadelbäumen. Allgemein werden sommerwarme Gegenden bevorzugt. In vielen Gebieten ist der wärmeliebende Girlitz Zugvogel, der ab September verschwindet und ab Mitte März wieder erscheint. **Lebensweise:** Das kleine, dicht gewobene Nest wird in einen Nadelbaum, einen Dornstrauch oder eine Kletterpflanze am Haus gebaut. Girlitze leben fast ausschließlich von den oft noch unreifen Samen verschiedener Unkräuter, die, im Kropf vorgeweicht, auch als Kindernahrung dienen. Im Frühjahr Knospen und Kätzchen.

Erlenzeisig
Carduelis spinus

Flugbild

Aussehen: Dieser Vogel in den Farben Grün, Gelb, Grau und Schwarz kann mit dem Grünling verwechselt werden, ist im Gegensatz zu ihm aber immer oberseits und unterseits schwarz gestrichelt. Die Weibchen sind matter gefärbt. Der Schnabel des Zeisigs ist viel spitzer. **Stimme:** Der Gesang ist abwechslungsreich, aber irgendwie chaotisch-hastig mit knirschenden und schnarrenden Elementen (z. B. ein rauchschwalbenähnliches Knätschen) sowie Imitationen. Im Vorfrühling hört man ihn als Gruppengesang, später von hohen Fichtenspitzen oder im schmetterlingshaften Gaukelflug. Von den Rufen ist ein traurig nach unten oder oben gezogener Ruf (»ziiü« oder »zäih«) charakteristisch; der Flugruf ist ein kurzes »tet« oder »tetete. . .«. **Vorkommen:** Zur Brutzeit verschwinden die Erlenzeisige meist in Nadelwäldern, besonders Bergwäldern. Vereinzelt brüten sie aber auch in Gärten, wenn der nächste Fichtenwald nicht weit ist. Ab Ende August sind sie dann wieder in offenen Landschaften mit Birken und Erlen und in Ortschaften anzutreffen. **Lebensweise:** Die Geselligkeit der Erlenzeisige reicht bis in die Brutzeit, sodass sich oft kleine Brutkolonien bilden. Das Nest steht hoch und gut versteckt auf den äußersten Ästen großer Fichten, Tannen oder Lärchen. Zur Brutzeit besteht die Nahrung hauptsächlich aus Fichtensamen, sonst aus Erlen- und Birkensamen sowie Staudensamen.

Bluthänfling

Carduelis cannabina

Foto: Männchen

Flugbild

Aussehen: Die Männchen sehen recht stattlich aus mit ihrer roten Stirn und den roten Brustseiten; der rötlichbraune Rücken und das helle Feld im äußeren Flügel fallen besonders im Flug auf (vgl. Grafik). Im Schlichtkleid ähneln sie den sperlingsartig schlichten Weibchen. **Stimme:** Der Gesang ist wohltönend und besteht aus zwitschernden, rollenden und flötenden Tönen. Der an den Grünling erinnernde Flugruf ist ein stotterndes »tjä-tet« oder »tet-tet-ter-ret«. **Vorkommen:** Weiden mit Hecken, mageres Wiesenland mit Gebüsch in sommerwarmen Lagen, Fichtenschonungen und Gärten sind die bevorzugten Bruthabitate. Im Gebirge wird bis über 2000 m hoch gebrütet. Im Winter wandern viele unserer Hänflinge nach Südwesten ab, während nordöstliche Populationen hier überwintern. **Lebensweise:** Das Nest wird in jungen Nadelbäumen und Fichtenhecken, in Büschen, Halbsträuchern und Kletterpflanzen gebaut. Die Nahrung besteht hauptsächlich aus Baum- und Staudensamen; im Frühjahr auch Knospen und frische Triebe, Pollen und Nektar von Weiden usw., gelegentlich auch kleine Insekten.

Birkenzeisig

Carduelis flammea

Aussehen: Die Männchen sind mit roter Stirn und Brust dem Hänfling ähnlich, tragen aber einen kleinen schwarzen Latz und sind oberseits dunkler braun; der kleine spitze Schnabel ist strohgelb. Weibchen und Jungvögel wirken sperlingsartig. Die im Winter zu uns kommende nordeuropäische Rasse ist heller und mehr grau getönt. **Stimme:** Charakteristisch ist der ständig wiederholte Flugruf »tjäk-tjäk-tjäk. . .«, während der Lockruf ein weich ansteigendes »djüii« ist. Der im Flug oder von hoher Warte aus vorgetragene Gesang kann recht abwechslungsreich sein, besteht aber oft nur aus den Rufen, die mit schwirrenden Trillern und rollendem »tü-rü-rü-rü. . .« abwechseln. **Vorkommen:** Lange Zeit war die Art in Mitteleuropa nur Bergbewohner, hat sich aber inzwischen weit ausgebreitet und brütet heute in vielen Siedlungen. Die im Winter herumstreifenden Trupps sind teilweise nördlicher Herkunft. **Lebensweise:** Im Gebirge werden Lärchen und Fichten als Brutbäume bevorzugt, in den Siedlungen sind es Pappeln und Weiden oder Koniferen. Die Samen von Nadel- und Laubbäumen bilden die Hauptnahrung, im Frühjahr werden auch Nektar und Pollen von Weiden geschätzt. Die Nahrung wird hoch in den Bäumen oder auch auf dem Boden gesucht.

Gimpel

Pyrrhula pyrrhula

Foto: Männchen

Flugbild

Aussehen: Mit seiner leuchtend roten Unterseite fällt das Männchen sofort auf. Auf dem Rücken trägt er ein Cape in dezentem Grau, Schwanz und Flügel sind schwarz, letztere mit weißer Binde. Weiß sind auch der Bürzel und die Unterschwanzdecken – auch beim viel schlichteren Weibchen, das überall dort braun ist, wo der Mann Rot und Grau trägt. **Stimme:** Der Gesang der Männchen ist ein leises Plaudern mit gemütlichen Pfiffen und Trillern dazwischen. Auch der typische Lockruf, ein weiches »djü«, klingt gemütvoll und sanft. Früher hielt man die hübschen Vögel im Käfig und brachte ihnen kleine Melodien bei. **Vorkommen:** Sie brüten in Nadel- und Mischwäldern mit dichtem Unterholz, in Fichtenschonungen und in immergrünen Hecken und Büschen von Parks und Gärten. Im Winter streifen sie weit umher, sind aber nie fern von Gebüsch und Bäumen. **Lebensweise:** Die Ehe ist für den Gimpel nicht nur saisonales Zweckbündnis, wie bei den meisten anderen Singvögeln, sondern meist lebenslange Partnerschaft. Das Nest wird im Allgemeinen auf einem der äußeren Äste eines Nadelbaums versteckt. Samen und Knospen vieler Bäume, Sträucher und Kräuter sind die Hauptnahrung. Auch Beeren werden gern gefressen, allerdings um der Samen willen, das Fruchtfleisch wird geschickt geschält und fallen gelassen. Die Jungen bekommen neben aufgeweichten und unreifen Samen aus dem Kropf auch Raupen, Spinnen und Schnecken.

Fichtenkreuzschnabel

Loxia curvirostra

Foto unten links: Männchen, Foto unten rechts: Weibchen

Jungvogel

Aussehen: Etwas größer als die meisten Finken und immer am überkreuzten Schnabel zu erkennen. Die Männchen sind bräunlichrot, die Weibchen grünlich; im Flug fällt der entsprechend gefärbten Bürzel auf. Die Jungen sind auf hellem Grund mit dunkelbraunen Fleckenreihen gestreift (vgl. Grafik). **Stimme:** Der hastig schwätzende Gesang besteht aus unregelmäßigem Gezwitscher und scharfen Tönen. Kennzeichnend ist der Flug- und Kontaktruf, ein scharfes »kipp-kipp. . .« oder »kjipp-kjipp«. Der Warnruf ist ein tiefes »tjück-tjück«. **Vorkommen:** Sein Aufenthalt ist ganz auf seine Hauptnahrung, die Samen der Fichte, ausgerichtet. Wo Fichten reichlich fruchten, tauchen oft Kreuzschnäbel auf und schreiten auch zur Brut. Da die Trupps oft weit herumstreifen, gilt er als »Zigeuner«. **Lebensweise:** Mit der Brut wird oft schon im Spätwinter begonnen. Das Nest steht fast stets auf Nadelbäumen. Neben Fichtensamen dienen allerlei andere Sämereien der Ernährung, ebenso Knospen, Beeren und Insekten.

Kernbeißer

Coccothraustes coccothraustes

Flugbild

Aussehen: Ein fast starengroßer, stämmiger, dezent gefärbter Vogel mit klobigem Schnabel; die Weibchen tragen insgesamt etwas mattere Farben. Ein inneres und ein äußeres weißes Flügelfeld sind im Flug auffällig (vgl. Grafik). Unverkennbar ist der in unserer Vogelwelt einmalig dicke Schnabel, der beim Männchen silbergrau, beim Weibchen hornfarben ist. **Stimme:** Ähnlich wie der Gimpel ist der Kernbeißer ein stiller Vogel. Da Kernbeißer die meiste Zeit hoch in den Baumwipfeln agieren, muss man auf ihren charakteristischen Ruf, ein scharfes »zicks«, achten, wenn man sie aufspüren will. Der von hoher Warte bereits früh im Jahr vorgetragene Gesang der Männchen ist leise und wenig melodiös; er besteht aus einer Aneinanderreihung »zickiger« Rufelemente, die manchmal mit einem melodischeren »zieh-öh« endet. **Vorkommen:** Die Vögel brüten in lichten Laub- und Mischwäldern mit viel Unterwuchs. Häufig besiedeln sie auch Feldgehölze, Parks und Gärten mit entsprechendem Baumbestand. Stand- und Strichvogel. **Lebensweise:** Das Nest wird meist nah am Stamm und hoch in einer Pappel, Birke oder in einem hohen Obstbaum errichtet; wichtig ist den Vögeln ein freier Anflug. Mit ihren enormen Schnäbeln knacken sie selbst die harten Kerne von Kirschen und Kornelkirschen. Daneben viele andere Baumsamen, Knospen und Triebe von Laub- und Nadelhölzern sowie im Frühjahr Insekten und ihre Raupen.

Rohrammer

Emberiza schoeniclus

Foto: Männchen

Aussehen: Ein sperlingsartig in verschiedenen Brauntönen gezeichneter Vogel; das Männchen jedoch mit markant schwarzem Kopf und weißer Halsbinde, das Weibchen eher spatzenartig schlicht. **Stimme:** Der Gesang ist recht unterschiedlich, mehr oder weniger schilpend monoton, oft mit schwirrender Schlusssilbe. Der häufig zu hörende Lockruf ist ein dünnes »tsiiü«, das an den Ruf der Beutelmeise (vgl. S. 64) erinnert. Auf dem Zug ein rau-nasales »chüp«. **Vorkommen:** Feuchtgebiete mit Röhricht- oder Staudenvegetation, auch fern von offenem Wasser, sind die Brutbiotope. Die Vögel ziehen von September bis Anfang November ins südliche Europa und kehren ab März zurück; in milderen Gegenden überwintern sie auch bei uns. **Lebensweise:** Das Nest steht bodennah in dichter Vegetation, nach oben durch überhängende Pflanzenteile gut geschützt, oft auch über Wasser. Die Nahrung ist im Sommer überwiegend animalisch, im übrigen Jahr besteht sie hauptsächlich aus reifen und halbreifen Sämereien.

Goldammer

Emberiza citrinella

Foto: Männchen

Aussehen: Die Männchen sind leicht an ihrem goldgelben Kopf zu erkennen. Im Übrigen herrschen warme, rotbraune Töne vor, wobei besonders der rostbraune Bürzel sehr charakteristisch ist. Daran erkennt man auch die Weibchen, die weniger Gelb tragen und dafür mehr grau-braunschwarz gestrichelt sind. **Stimme:** Der Gesang ist eine etwas wehmütige Strophe: »zi-zi-zi-zi-zi zih-züh«. Aufgescheucht rufen sie kurz »zick«; die Lockrufe sind ein raues »tsüh« oder ein zweisilbiges »tschi-tschrüt«. **Vorkommen:** Abwechslungsreiche Landschaften mit Büschen und Hecken sowie Flächen unterschiedlicher Vegetationshöhe, Waldränder, Bahndämme, Wegränder, Randlagen menschlicher Siedlungen. Im Winter meist in Schwärmen (oft mit anderen Ammern und Finken) auf Feldern. **Lebensweise:** Das Nest wird in dichter Vegetation am Boden oder niedrig in Büschen und Dornsträuchern (Brombeeren) versteckt, am liebsten an sonnigen Böschungen, Dämmen, Heckenrändern, Zäunen. Nahrung: Das ganze Jahr über eine Vielfalt von Sämereien, die teils vom Boden aufgesammelt, teils von den Pflanzen geerntet werden. Im Sommer auch Insekten und deren Larven sowie Bodentiere.

Grauammer

Miliaria calandra

RL 2

Singflug

Aussehen: Größer als Sperling; beide Geschlechter mit lerchenähnlichem, braun-grauem Gefieder und kräftigem Schnabel. **Stimme:** Die Gesangsstrophe der Männchen beginnt ähnlich wie bei der Goldammer mit einer schnellen Reihe insektenartig tickender Rufe und endet mit einem klirrend-klingelnden Schnörkel (»Schlüsselrasseln«); sie wird auch im Singflug mit schnellen, flachen Flügelschlägen und hängenden Beinen vorgetragen (s. Grafik). Der Kontaktruf ist ein tiefes, hartes »tick«, der Lockruf ein weiches, rollendes »tchrrüt«. **Vorkommen:** Bewohnt offenes, extensiv bewirtschaftetes oder brach liegendes Kulturland mit Büschen, Zäunen oder Leitungen als Aussichts- und Gesangswarten. Jahresvogel, der im Winter in Gruppen herumzieht, manchmal zusammen mit Goldammern oder Finken. **Lebensweise:** Das Nest wird auf Äckern, Wiesen oder in Staudenvegetation in einer Bodenmulde, seltener etwas erhöht gebaut. Die Nahrung besteht aus den Samen von Wildkräutern und Getreide, zur Zeit der Jungenaufzucht auch aus Insekten und anderen Kleintieren.

Register

Deutsche Namen

Wissenschaftliche Namen